Der Werdegang der Entdeckungen und Erfindungen

Unter Berücksichtigung
der Sammlungen des Deutschen Museums und
ähnlicher wissenschaftlich = technischer Anstalten

herausgegeben von

Friedrich Dannemann

5. Heft:

Die Entwicklung
der chemischen Großindustrie

München und Berlin 1922
Druck und Verlag von R. Oldenbourg

Die Entwicklung
der chemischen Großindustrie

Von

Dr. A. Zart

Mit 10 Abbildungen im Text

München und Berlin 1922
Druck und Verlag von R. Oldenbourg

Vorbemerkung.

Das vorliegende 5. Heft ist aus dem Zusammenwirken der chemischen Großindustrie mit dem Herausgeber hervorgegangen. Den Text verfaßte einer der Leiter der vereinigten Glanzstoffabriken Dr. A. Zart, der sich durch anregende naturwissenschaftliche Schriften einen Namen gemacht hat. Die Abbildungen stellten das Deutsche Museum und die Direktion der Farbenfabriken vorm. Bayer & Co. zur Verfügung. Einige Angaben entstammen den Auskunftsstellen verschiedener Werke. Daß das Elberfelder Werk anderen gleichbedeutenden gegenüber hervortritt, rührt lediglich daher, daß der Verfasser und der Herausgeber seit vielen Jahren zu ihm in engerer Beziehung stehen. Dem Herausgeber blieb nur übrig, alles einzurichten und zu umrahmen. Den Beteiligten sei auch an dieser Stelle herzlicher Dank gesagt.

München, Deutsches Museum
September 1922.

Friedrich Dannemann.

Einleitung.

Daß es Vorgänge gibt, bei denen Stoffe tiefgreifende Änderungen erfahren und gleichsam ganz neue Stoffe entstehen, ist eine Erfahrung, die man schon in der Kindheit unseres Geschlechtes gemacht hat. Dahin gehören z. B. das Rosten des Eisens, die Umwandlung von Most in Wein, die Entstehung von Glas beim Zusammenschmelzen gewisser Mineralien, vor allem aber das Auftreten von Metallen, wie Eisen und Kupfer, beim Niederschmelzen ihrer Erze. Später hat man derartige Vorgänge im Gegensatz zu solchen, bei denen der Stoff im wesentlichen unverändert bleibt, und die man physikalische nennt, als chemische bezeichnet. Ein gleichfalls seit uralter Zeit bekannter Vorgang physikalischer Art ist z. B. die Erscheinung, daß Bernstein nach dem Reiben leichte Körper (Spreu) anzieht.

Die zuerst meist zufällige Beobachtung chemischer Veränderungen führte schon im Altertum zur Ausübung von chemisch-technischen Gewerben. So stand die Glasbereitung in Ägypten schon in frühester Zeit in hoher Blüte. Die Glasflüsse wurden durch Kupferverbindungen rot und durch Kobalt enthaltende Erze blau gefärbt. Die Ägypter vertrieben die Erzeugnisse ihrer Glasfabriken schon im Massenexport. Durch sie wurden die Phönizier und die übrigen Mittelmeervölker mit der Bereitung und der künstlerischen Verarbeitung des Glases bekannt.

Von sonstigen chemisch-technischen Gewerben wurde im Altertum nicht nur die Töpferei unter Anwendung von Glasuren ausgeübt sondern auch die Färberei mit Benutzung von Alaun als Beize. Indem man die in Ägypten vorkommende Soda auf Öl wirken ließ, gelangte man ferner zur Erfindung der Seife.

Im späteren Altertum sowie im Mittelalter war man unausgesetzt auf die Verbesserung der genannten Gewerbe bedacht. Auch das zwar vergebliche Bemühen, unedle Metalle in edle zu verwandeln, führte zu mancher Erfindung, z. B. der Gewinnung der Schwefel-, der Salpeter- und der Salzsäure. Man entdeckte in ihnen Mittel, um die Metalle aufzulösen. Seit jener Zeit kamen

die durch chemische Vorgänge gewonnenen Stoffe, z. B. die
Salze, des Quecksilbers und die Antimonverbindungen immer mehr
zu Heilzwecken in Aufnahme.

Bis zum Beginn der Neuzeit befaßte man sich mit den
chemischen Vorgängen lediglich des Nutzens halber, den ihre
Erzeugnisse abwarfen, oder den sie erhoffen ließen. Erst im
17. Jahrhundert traten Männer auf, die sich der Erforschung
jener Vorgänge ohne Nebenabsichten widmeten. Den Menschen
müsse, sagt einer der ersten unter ihnen (der Engländer Boyle,
der die Chemie als Wissenschaft ins Leben rief), der Fortschritt
der Wissenschaft mehr am Herzen liegen, als ihre engeren Inter-
essen. Der durch Boyle eröffnete neue Weg führte nicht nur zur
tieferen Einsicht in die chemischen Vorgänge. Er erwies sich auch
für die Fortentwicklung der Gewerbe als geeigneter. Je weiter
die Forschung in das Wesen der Vorgänge eindrang, um so mehr
trat nämlich an die Stelle des bloßen Herumprobierens und des
Zufalles eine auf sorgfältiger Überlegung beruhende Gestaltung
der chemisch-technischen Vorgänge. Mit der Chemie entwickelten
sich ferner die Schwesterwissenschaften, insbesondere die Physik.
Aus ihrer stetig enger werdenden Verknüpfung ging die neuere
Technik hervor. Es erwuchs seit dem Beginn des 19. Jahrhunderts die materielle Kultur, die unserer Zeit so sehr, man
möchte fast sagen allzusehr, ihr Gepräge verliehen hat. Kann
doch wahres Menschentum nicht allein auf ihr beruhen. Die
materielle Kultur darf der geistigen und sittlichen nur ergänzend
und fördernd zur Seite treten, sonst gereicht sie zum Unsegen.

*   *   *

Auch das chemische Großgewerbe ist ein Kind jenes Jahr
hunderts. Seine Wiege stand nicht in Deutschland. Die chemische
Wissenschaft leuchtete im Anfang des 19. Jahrhunderts besonders
glanzvoll in Frankreich, und noch im Jahre 1860 konnte der berühmte französische Chemiker Dumas von ihrem anerkannten
Vorrang in seinem Vaterlande sprechen.

Nach der praktischen Seite hin hatte das besonders gewerb-
tüchtige England die Führung übernommen. Von der Londoner
Weltausstellung des Jahres 1862 lautet ein deutscher amtlicher
Bericht: „Der Beitrag Englands beweist, daß es nicht nur seinen
Rang in dem chemischen Gewerbe der Welt erhalten, sondern
daß es seit der Ausstellung von 1851 diese ihm zugestandene
Überlegenheit noch gesteigert hat.“

Als sich nach etwa 30 Jahren bei der Weltausstellung von Chicago (1893) wieder Gelegenheit bot, die gewerblichen Leistungen der einzelnen Völker zu vergleichen, war das Bild gänzlich verändert. Der Ausstellungsleiter Frankreichs faßte sein Urteil über die gesamte chemische Abteilung wie folgt zusammen: „Der gemeinsame Gegner ist die deutsche Industrie, welche im besten Zuge ist, den ersten Rang auf sämtlichen Gebieten chemischer Erzeugung zu erobern. Auf vielen, so besonders dem der künstlichen Farbstoffe, der Heilmittel, der künstlichen Riechstoffe — hat sie die Herrschaft schon angetreten . . . ."

Geht man den Gründen nach, aus denen sich das chemische Großgewerbe bei unseren westlichen Nachbarn früher und reicher entfaltet hat als bei uns, so liegen sie offen zutage. Es war die innere staatliche Geschlossenheit, politische Reife und die Machtstellung nach außen, die ihnen Gelegenheit zu freier Entwicklung in einer Zeit gaben, in der für Deutschland durch die Aufteilung in eine Anzahl meist unbedeutender Kleinstaaten diese Möglichkeit noch verschlossen war.

1. Die Anfänge des chemischen Großgewerbes.

In Deutschland deckte das chemische Handwerk, meist von Apothekern ausgeübt, den beschränkten Bedarf an chemischen Stoffen des auch auf den übrigen Gebieten durchaus kleinhandwerklichen Gewerbes, so für die Herstellung von Seife, Glas, Heilmitteln usw. Metalloxyde, Alkalien und Säuren, allerlei Salze von Eisen, Aluminium, Zinn, Kobalt, Arsen wurden nur in kleinem Maßstabe hergestellt. Als besondere Taten leuchten hervor: die Gründung der Meißener Porzellanfabrik (1710) durch Böttcher, die aus der Nachahmung ihres Verfahrens 1763 entstandene, königliche Porzellanmanufaktur in Berlin; dann der bahnbrechende Versuch von Achard, den Zucker, den sein Lehrer Marggraf in der Zuckerrübe entdeckt hatte, aus ihr auch zu gewinnen. 1802 gründete er mit staatlicher Unterstützung die erste Rübenzuckerfabrik in Schlesien.

In dieser Zeit setzte in England und in Frankreich ein ganz anderer Aufstieg ein. Dort hatten die aufblühenden Gewerbe einen derartigen Umfang angenommen, daß ihr Hunger nach chemischen Erzeugnissen nicht mehr aus den alten Quellen gestillt werden konnte. Zur Herstellung von Schwefelsäure bildete sich in England seit der Mitte des 18. Jahrhunderts das sog. Bleikammerverfahren aus, bei dem in einer Bleikammer durch Zusammenwirken von schwefliger Säure, Salpetersäure und Wasserdampf Schwefelsäure gebildet wird. Bald arbeiteten zahlreiche Anlagen nach diesem Verfahren. Auch in Frankreich kam es alsbald in Aufnahme und erfuhr hier wesentliche Verbesserungen. In Frankreich entstand um diese Zeit ein fühlbarer Bedarf nach Erschließung neuer und billiger Quellen für die Gewinnung von Alkalien[1]. Bisher hatte man sie aus der Asche von Laubholz oder von Seetang gewonnen, in erheblichen Mengen auch aus natürlichem Vorkommen bezogen, z. B. aus Ungarn. Das genügte aber nicht mehr. So schrieb denn die französische Akademie im Jahre 1775 einen Preis aus auf ein billiges Verfahren zur Herstellung von Soda aus Kochsalz, das ja in beliebigen Mengen zur Verfügung stand. Die Aufgabe wurde vollständig gelöst von Le Blanc.*) Nach ihm setzt man Kochsalz mit Schwefelsäure zu Natriumsulfat um. Dieses Salz erhitzt man zusammen mit Kohle und Kalk. Die poröse Schmelze läßt man erkalten und laugt sie mit Wasser aus. Dabei erhält man Sodalösung und beim Eindampfen derselben Soda, die durch Zusatz von Kalk in Natronlauge umgesetzt wird[2]. Le Blanc hat den ausgesetzten Preis nicht erhalten, sondern er wurde um Erfindung und Besitz gebracht und nahm sich schließlich, von Not und Sorgen gequält, das Leben. Besonders aus seinem Verfahren heraus, das nach ihm benannt wurde, erwuchs das chemische Großgewerbe. Die Aufarbeitung und die nutzbringende Verwertung der Neben- und Abfallstoffe (Salzsäure und Schwefelkalzium) bot den Chemikern reiche und schwierige Aufgaben und wurde gleichsam zur eigentlichen Hochschule des großgewerblichen chemischen Schaffens. Folgende geschichtliche Zahlen sind beachtenswert. Le Blanc errichtete 1793 die erste Anlage in Frankreich. England folgte 1814 im kleinen und erst im Jahre 1843 im größeren Maßstabe.

In Deutschland wurde eine der ersten Bleikammeranlagen um 1820 errichtet. Die erste Soda wurde dort etwa zwei Jahrzehnte später hergestellt. Bedeutende weitere Gründungen folgten rasch. So u. a. 1852 diejenige der Rhenania bei Aachen.

Als ein Zwischenspiel gleichsam in dem großen Entwicklungsgange erscheint das Ultramarin. Dieser kostbare, blaue Mineral-

---

*) Die Gewinnung der Soda nach Leblanc wird im Deutschen Museum (Saal 40, Abt. II) durch das Modell der modernen Leblanc-Sodafabrik, gestiftet von der chemischen Fabrik Rhenania (Aachen), dargestellt.

farbstoff wurde anfangs aus dem Lasurstein gewonnen. Er besteht aus einer Verbindung von Aluminium und Natrium mit Kieselsäure und Schwefel. Seine chemische Untersuchung und gelegentliche Beobachtungen über das Auftreten einer ähnlichen blauen Farbe in dem Mauerwerk von Sodaöfen und beim Herstellen bestimmter Porzellanglasuren regten zu Versuchen an, ihn künstlich zu gewinnen. Dies gelang einem Chemiker der Meißener Porzellanmanufaktur, der den Farbstoff als Lasursteinblau in den Handel brachte[3]. Auch in Preußen arbeitete man ein eigenes Verfahren aus und errichtete 1834 ein Ultramarinwerk. Es folgten rasch weitere Gründungen. Die Herstellung des Ultramarins geschieht durch Brennen eines Gemisches von Tonerde, Kohle, Soda und Schwefel. Der Preis für 1 kg, der im Jahre 1820 ungefähr 3200 M. betrug, sank infolge der künstlichen Darstellung sehr rasch. Im Jahre 1907 kostete 1 kg nur noch 0,5 M. Die Verwendung dieses schönen, blauen Farbstoffes ist eine sehr mannigfache. Er dient als Künstler- und Anstrichfarbe, zur Hertellung von Buntpapieren, er wird beim Tapeten-, Zeug-, Stein- und Buntdruck verwendet und zum Bläuen der Wäsche benutzt. Später traten künstliche organische Farbstoffe mit ihm in erfolgreichen Wettbewerb.

Hatte Deutschland hiermit schon eigene Wege beschritten, so sollte dies bald auf anderen wichtigen Gebieten in noch auffälligerem Maße geschehen.

In keinem Gewerbe hat sich die Wissenschaft von derart ausschlaggebendem Einfluß auf den Fortschritt erwiesen wie in dem chemischen. Mit Liebig ging auch am Himmel der deutschen chemischen Wissenschaft ein Stern erster Größe auf. Angeregt durch das Vorbild besonders französischer Gelehrter, deren Unterricht er genossen, begründete er 1825 in Gießen eine Schule, die in den folgenden Jahrzehnten der gesamten Chemie ihr Gepräge erteilt hat und in ihren fernsten Ausläufern noch heute segensreich fortwirkt. Hier erhielt nicht nur die chemische Wissenschaft die mächtigsten und fernwirkensten Antriebe, es wurde auch eine große Schar von Chemikern ausgebildet, die voll Begeisterung für ihr Fach ins Leben gingen und deren Wirken sich in Deutschland bald bemerkbar machte. Darüber hinaus aber griff Liebig auch in das Wirtschaftsleben unmittelbar schöpferisch ein. Er lehrte z. B., daß die Landwirtschaft dem Boden die mineralischen Stoffe wieder zuführen müsse, die ihm die Pflanzen entziehen. Hierfür schlug er in erster

Linie löslich gemachte Phosphate vor, die man durch Behandeln von Knochenasche mit Schwefelsäure erhalten könne. Er trat unermüdlich für die Erfüllung dieser Forderung ein. Leider fand er zunächst in Deutschland kein Gehör. Praktische Engländer führten als erste seine Anregung durch, und erst ungefähr zehn Jahre später (1850) gingen auch Deutsche an die Aufgabe heran. Damit rang sich in dem chemischen Großgewerbe ein neuer Trieb ans Tageslicht, der sich dann immer rascher zu dem heutigen Großgewerbe der künstlichen Düngemittel entfaltete. Es entstanden, um ein paar Beispiele zu geben, 1856 die Frankfurter A.-G. für landwirtschaftlich-chemische Präparate (später Griesheim-Elektron), die Chemische Fabrik für künstliche Düngemittel von Friedrich Albert, Biebrich, usw. In den neu entstandenen Betrieben wurde anfangs Knochenasche mit Schwefelsäure aufgeschlossen, später ging man zur Verarbeitung von Mineralphosphaten über. Eine gewaltige Steigerung im Verbrauch von Schwefelsäure war die Folge. Durch Zufügen von Ammonsulfat zu Superphosphat wurden Mischdünger hergestellt, die dem Boden auch noch Stickstoffverbindungen zuführen. Zu gleichem Zweck wurde Chilesalpeter, Guano, Fischmehl und Hornmehl verwandt.

Als in den Abraumsalzen des Staßfurter Salzbergwerkes ein hoher Kaligehalt festgestellt worden war, kam man auf den Gedanken, auch Kalisalze, die dem Boden in erheblichem Maße durch die Pflanzen entzogen werden, für die Düngung zu verwenden. Im Jahre 1861 entstand in Staßfurt das erste Kaliwerk. Andere folgten. Der Verbrauch an Kalisalzen stieg rasch, nicht nur in Deutschland sondern auch im Ausland, das in seinen Bezügen von dem deutschen Vorkommen abhängig war. Ein erheblicher Anteil der geförderten Kalisalze diente als Ausgangsstoff für die Herstellung von Ätzkali und der mannigfachsten Kalisalze wie Pottasche, Kalisalpeter für Sprengstoffe, Kalialaun, chromsaures und chlorsaures Kali usw. Die Abraumsalze wurden weiterhin die Hauptquellen für die Gewinnung von Brom und Bromsalzen, so daß sich bald ein blühendes chemisches Gewerbe mit ihrer Aufarbeitung befaßte. Die Höchstförderung an Kalisalzen wurde 1913 erreicht; sie betrug rund 11,600 000 t.

Diese erfreuliche Entwicklung ging neben politisch-wirtschaftlichen Strebungen einher, die mehr und mehr die Fesseln des Wirtschaftslebens lockerten. In hohem Maße tat dies der durch eine zielbewußte preußische Politik ins Leben gerufene deutsche Zollverein. Handel und Gewerbe begannen sich stärker zu entfalten, und damit wuchs auch der Bedarf an chemischen Erzeugnissen aller Art. Die Gewinnung vieler früher im handwerklichen Kleinbetriebe hergestellter chemischer Bedarfsstoffe und hinzutretender neuer wurde mehr und mehr zur Angelegenheit aufstrebender Werke, deren Gründung in diese Zeit fällt.

So ging man um 1830 dazu über, Anstrich-, Mal- und Druckfarben aus eingeführten Farbhölzern und Farbstoffen herzustellen. Theodor Goldschmidt gründete 1847 in Berlin eine chemische Fabrik zur Gewinnung von Hilfsstoffen für die Druckereien. Man stellte zunächst besonders Metallbeizen her. Diese blieben auch nach Verlegung des Werkes nach Essen ein Haupterzeugnis desselben.

Von den Apotheken, die sich von jeher mit der Darstellung chemischer und Arzneistoffe beschäftigt hatten, ging manche zum Großbetriebe über, so Merck in Darmstadt in den dreißiger Jahren, Marquart in Bonn 1848, Schering in Berlin 1853. In die zwanziger und dreißiger Jahre reicht die Gründung jener Unternehmungen zurück, aus denen später die vereinigten Chininfabriken Zimmer & Co. hervorgingen, deren Haupterzeugnisse Heilmittel sind.

Einige von ihnen befaßten sich daneben mit der Herstellung besonders reiner Chemikalien für chemische Untersuchungen. Bei dem wachsenden Bedarf solcher Stoffe, besonders für analytische Zwecke, wandten sich auch noch neue Werke dieser Aufgabe zu (Kahlbaum, Berlin, gegründet im Anfang der 70er Jahre und de Haen in Hannover, gegründet 1861). Diese Industrie erhielt infolge der zuverlässigen Güte und Reinheit ihrer Präparate Weltruf.

2. Die Erzeugung künstlicher Farbstoffe.

Inzwischen war in England eine wichtige Erfindung gemacht worden. Dort hatte 1856 Perkin, ein Schüler und Gehilfe von A. W. Hofmann, versucht, aus Anilin Chinin darzustellen und bei der Einwirkung von Kaliumbichromat und Schwefelsäure auf Anilin einen farbigen Stoff erhalten. Das Verdienst von Perkin ist es, daß er diesen Stoff daraufhin untersuchte, ob er zum Färben zu verwenden sei, und als er sich hierfür als geeignet erwies, sofort an die gewerbliche Verwertung heranging.

Er nannte ihn seiner Farbe wegen Mauvein. Der Farbstoff fand Anklang und Perkin Nachahmer, vor allem zunächst in Frankreich. Hier wurde bei der Behandlung von Anilinbasen[4] mit Zinnchlorid ein neuer Farbstoff von viel bestechenderen Eigenschaften gefunden, das Fuchsin. Die neuen Farbstoffe erregten großes Aufsehen. Erfinder strömten diesem neuerschlossenen Gebiet zu. Und für das chemische Gewerbe war ein neues Betätigungsfeld erschlossen, das sich von ungeahnter Ausdehnungsfähigkeit und Fruchtbarkeit erweisen sollte.

Auch in Deutschland stürzte man sich auf die Herstellung der neuen Farbstoffe. Noch hemmte hier kein Patentgesetz, wie in Frankreich oder England, den schrankenlosen Wettbewerb. Es entstanden in dieser Zeit eine ganze Anzahl unserer heutigen Farbenfabriken wie die Farbenfabriken vorm. Fried. Bayer & Co., die Badische Anilin- und Sodafabrik, Meister, Lucius & Brüning in Höchst a. M. usw. Für die Menge der Erzeuger war der Markt zu klein; ein äußerst scharfer Wettkampf setzte ein, der zu möglichst billiger Arbeit, wirkungsvoller Werksgliederung und zu kaufmännischer Gewandtheit zwang.

Bald tat Deutschland auch hier den Schritt von der bloßen Nachahmung zu eigenem erfinderischen Schaffen, und zwar gleich mit einem Hauptschlager, mit der künstlichen Darstellung des Naturfarbstoffes Alizarin, die nach zielbewußter wissenschaftlicher Arbeit im Jahre 1868 gelang. Mit ihr verlegte sich das Schwergewicht in der Erfindung und Erzeugung künstlicher Farbstoffe nach Deutschland. Alizarin wurde gleichzeitig in England von Perkin dargestellt, wo es Patentschutz genoß. Dieser blieb ihm in Deutschland versagt. Seine Herstellung durch Verschmelzen von Antrachinonsulfosäure mit Ätzkali wurde hier an vielen Stellen aufgenommen, so 1869 von der Badischen, 1871 von Bayer. Der Wettbewerb war hart aber erzieherisch. Und als im Ausland die ersten Farbstoffpatente verfielen, zeigte sich die dort geschützte Arbeit derart rückständig, daß sie im freien Wettbewerbe mit der deutschen rasch unterlag.

Inzwischen war sich auch die Regierung in Deutschland der Bedeutung der chemischen Gewerbe bewußt geworden. Sie förförderte sie vor allem dadurch, daß sie sich tatkräftig des chemischen Hochschulunterrichts annahm, Laboratorien ausbaute, tüchtige und berühmte Lehrer berief, wie z. B. 1865 Kekulé nach Bonn und A. W. Hofmann nach Berlin. Ihre

Abb. 1. Gesamtansicht der Farbenfabriken vorm. Bayer & Co. in Leverkusen bei Köln .

wissenschaftlichen Arbeiten leuchteten gleich einem hellstrahlenden Licht dem gewerblichen Fortschritt voran. So sammelten sich allmählich all die Kräfte, denen zu guter Letzt die Einigung Deutschlands den Rückhalt eines starken und großen Staatswesens gab.

Als dann 1877 auch Deutschland ein Patentgesetz bekam, wurde von einsichtigen Führern des Wirtschaftslebens eine derart glückliche Fassung für den Schutz chemischer Erfindungen ausgearbeitet, daß der Patentschutz den Fortschritt nicht hemmte, sondern ihn noch anstachelte. Das wurde dadurch erreicht, daß dem Erfinder nicht der neue chemische Stoff, etwa das Fuchsin oder Alizarin, gesichert wurde, sondern nur das im Patent bekanntgegebene Verfahren zur Herstellung desselben. Durch Bekanntgabe eines wertvollen neuen Stoffes oder eines ersten Weges zu einem bisher künstlich nicht erhältlichen wurde eine Schar von Erfindern angeregt, nach neuen Wegen zu demselben Ziele zu forschen oder ähnliche, gleich wertvolle oder noch wertvollere Stoffe zu suchen.

War es das Le Blanc-Sodaverfahren gewesen, das die Jugend des chemischen Großgewerbes betreut hatte, so übernahm die weitere Führung die Farbstoffchemie. Diese wuchs aus dem von England herübergetragenen Samenkorn in Deutschland zu einem Baume aus, der die Erde überschattete und unter dessen Schutz die mannigfachsten anderen chemischen Betriebe emporblühten.

„Teerfarbstoffe" ist ein anderer Name für die künstlichen Farbstoffe. Sie haben ihn erhalten, weil man zu ihrer Darstellung von bestimmten Stoffen des Steinkohlenteers ausgeht. Dieser war ehemals ein sehr lästiger Abfall bei der Leuchtgasgewinnung. Zu seiner Verarbeitung taten sich Teerdestillationen auf. Eine solche wurde 1843 von einem Schüler Liebigs in Offenbach a. M. gegründet. In ihr arbeitete eine Zeitlang als Privatdozent A. W. Hofmann, auch ein Liebigschüler Liebigs, um Anilin für seine Untersuchungen aus dem Teer darzustellen, dasselbe Anilin, aus dem Perkin später Mauvein gewann.

Aus dem Steinkohlenteer erhält man durch sorgfältige Destillationen neben anderen Ölen die zur Farbstoffherstellung brauchbaren Anteile. Es sind das im wesentlichen die Kohlenwasserstoffe Benzol, Toluol, Xylol, Naphthalin und Anthrazen[5]. Die erste große Teerdestillation in Deutschland wurde 1860 in Berlin zur Verarbeitung des Teers der Berliner Gasanstalten gegründet; weitere Anlagen folgten bald in anderen Orten. Die

Entwicklung der Farbstoffherstellung befand sich in völlger Abihängigkeit von der Ausbeute an Steinkohlenteer. Als in den achtziger Jahren die Gasanstalten zu einer anderen Betriebsart übergingen, indem sie die Kohlen bei höherer Temperatur, und zwar bei Weißglut, entgasten, entstand ein Teer, der arm war an den eben aufgeführten Kohlenwasserstoffen. Dadurch gerieten die Farbstoffwerke in große Rohstoffnot. Neue Quellen mußten aufgeschlossen werden, und sie fanden sich in der Kokerei. In ihr werden Fettkohlen in eine für den Hochofenbetrieb geeignetere Form umgewandelt. Aus der Kohle werden durch Verkoken Sauerstoff, Wasserstoff, Schwefel und Stickstoff entfernt und der unschmelzbare, nicht backende, rauchfreie Koks hergestellt. Dabei entstehen die von den Farbwerken gebrauchten Kohlenwasserstoffe in großer Menge. In Frankreich war man schon an ihre Gewinnung bei der Verkokung der Kohlen herangegangen, und nun geschah dies mit zielbewußter Tatkraft auch in Deutschland. Es wurde das Gebiet der „Nebenproduktengewinnung" bei der Kokerei erschlossen und ausgebaut, bei der auch die Gewinnung von Ammoniak eine große Rolle spielt. Auch hier taten sich zur Verarbeitung von Koksteer zuerst besondere Werke auf, später nahmen die Kokereien sie in eigenen Betrieb; aber auch die Farbstoffwerke selbst gliederten sich solche Destillationen an.

Wir sind damit dem Gange der Entwicklung etwas vorausgeeilt. Das wird sich auch weiterhin nicht vermeiden lassen. Im deutschen Wirtschaftsleben hatte sich aus den anfangs nur wenigen Klängen in immer stärkerem Anwachsen und Durcheinandertönen eine brausende Sinfonie der chemischen Arbeit entwickelt, deren Macht, Bewegung und vielfältige Durchdringung in einer Beschreibung gar nicht erfaßt werden können, weil diese aus der großen, organischen Mannigfaltigkeit immer nur ein einzelnes in den Blickpunkt zu rücken vermag.

Wenden wir uns noch einmal den Farbstoffen zu. Wenn von ihnen immer und immer mehr auf den Markt gebracht wurden, so war das Ziel dabei ein Mehrfaches. Es galt einmal, an Stelle der natürlichen, meist vom Ausland bezogenen Farbstoffe (Farbdrogen) schönere, wenn es ging bessere, vor allen Dingen aber billigere zu setzen, dann wertvolle natürliche Farbstoffe künstlich und billiger herzustellen und somit das Inland unabhängig vom Bezug ausländischer Farbendrogen zu machen.

Die Zahl der heute im Handel befindlichen Teerfarbstoffe ist eine sehr große. Ein bekanntes Werk führt gegen tausend auf. Während in den sechziger Jahren des vergangenen Jahrhunderts für 50 Millionen Mark ausländische Farbwaren eingeführt wurden, betrug der Wert der Einfuhr im Jahre 1913 nur 7 Mill. M., dafür gingen 1913 aber für 217 Mill. M. Teerfarbstoffe hinaus (dem Gewichte nach betrug 1913 die Einfuhr 3238 t und die Ausfuhr 108681 t); dazu wurde noch der außerordentlich stark angewachsene Inlandbedarf aus eigenen Erzeugnissen gedeckt, und die Farbstoffe selbst waren sehr viel billiger geworden. So war der Preis z. B. für 1 kg 20proz. Alizarinpaste in zehn Jahren (1869 bis 1879) von rund 25 M. auf 2,5 M. gefallen und bis 1911 auf 2 M. Während die gesamte Ausfuhrmenge der Teerfarbstoffe von 1880 bis 1911 um das 25fache gestiegen war, hatte ihr Wert nicht ganz um das Vierfache zugenommen.

Welche Arbeit und Entwicklung wird durch diese trockenen Zahlen enthüllt! Jedes unserer großen Farbstoffwerke hat dabei in reichem Maße mitgewirkt. Glanzpunkte in dieser Entwicklung sind die künstliche Herstellung der alten natürlichen Farbstoffe Alizarinrot und Indigo. Der erste ist in der Wurzel der Färberröte enthalten, die getrocknet als Krapp in den Handel kam; der zweite in unserem Waid und in den tropischen Indigopflanzen. An den künstlichen Indigo knüpft sich eine vieljährige, mühselige und kostspielige aber zähe, zielsichere und endlich erfolgreiche Forschungs-, Erfinder- und Werksarbeit. Adolf v. Bayer hatte 20 Jahre gebraucht, um den chemischen Aufbau des Indigos zu klären und damit den Weg zu seiner künstlichen Gewinnung zu weisen. 1880 wurde diese Arbeit von der Badischen Anilin- und Sodafabrik in Angriff genommen. Sie mußte mehrere Millionen Mark aufwenden, bis eine lohnende betriebsmäßige Herstellung gesichert war. 1897 erschien der erste künstliche Indigo auf dem Markt. Bald darauf gelangten auch die Höchster Farbwerke auf einem anderen Wege an dasselbe Ziel. Er hat sich in der Folge als der einfachere erwiesen. Nach ihm läßt man Chloressigsäure auf Anilin einwirken und verschmilzt das entstehende „Phenylglyzin" mit Natriumamid. Nach dem ersten Verfahren der Badischen Anilin- und Sodafabrik wurde Anthranilsäure mit Chloressigsäure umgesetzt und die entstandene „Phenylglyzinkarbonsäure" mit Ätznatron verschmolzen. Diese einfachen Angaben lassen gewiß die Schwierigkeiten nicht erkennen, die zu überwinden waren. Das ist eine

ganz große Geschichte für sich, bei der es sich immer wieder
darum handelt, diejenigen Stoffe, Verfahren und Ausbeuten zu
finden, die es dem künstlich hergestellten Indigo ermöglichten,
den Preiskampf mit dem natürlichen aufzunehmen. An Indigo
wurden 1913 ausgeführt 33353 t im Werte von 53,323000 M.
(Ein großes Modell einer Fabrikanlage zur Gewinnung von
künstlichem Indigo findet sich im Saale 40 des Deutschen Museums. Es ist ein Geschenk der Badischen Anilin- und Sodafabrik.)

Zu diesen ersten Vertretern gesellten sich bald zahlreiche
andere „Alizarin- und Indigofarbstoffe", die nun aber mit sehr
wenigen Ausnahmen ganz neu waren. Zu den wenigen Ausnahmen
gehört der berühmte Purpur der Alten aus der Purpurschnecke.
Seine Kenntnis war im Mittelalter gänzlich verloren gegangen.
Neuerdings gelang der Nachweis, daß der Farbstoff der Purpurschnecke, die nach Plinius zum Färben benutzt wurde, ein Dibrom-
indigo ist. Seine Farbe ist ein rötliches Violett. Den Färbern
steht heute eine große Auswahl dieser schönen Farbstoffe in allen
Farbtönen zur Verfügung.

Die meisten Teerfarbstoffe sind aber von einer Art, welche
die Natur bisher nicht gekannt hat. Schon das Mauvein und dann
das Fuchsin waren solche; sie waren die Erstlinge der großen
Gruppe der sog. „basischen Farbstoffe". Sie zeichnen sich durch
große Schönheit aus, besitzen aber nur geringe Lichtechtheit.
Dazu kamen die sehr schönen und gleichzeitig echten, sauer
färbenden Anthrachinonfarbstoffe, dann die Azofarbstoffe mit
einer schier unübersehbaren Fülle, die Schwefelfarbstoffe und
andere, unter ihnen auch Vertreter mit sehr echten Eigenschaften.

Der Färber erhielt mit vielen dieser Farbstoffe auch ganz
neue, einfache und billige Färbeverfahren, wie z. B. das der
Schwefelfarbstoffe. Die Küpenfärberei[6] wurde weitgehend
durchgebildet und vereinfacht. Etwas ganz besonders Einfaches
sind die aus ihrer wässerigen Lösung auf Baumwolle direkt,
d. h. ohne Vermittlung einer Beize aufziehenden Azofarbstoffe.
Im Jahre 1884 brachte die Aktiengesellschaft für Anilinfabrikation in Berlin den ersten Vertreter, das Kongorot, das aber
noch sehr unecht war. Die Farbenfabriken vorm. Fried. Bayer
& Co. folgten mit dem Benzo-Purpurin. Bald schlossen sich auch
die anderen Werke an, und immer neue und immer bessere Vertreter jener Farbstoffgruppe wurden herausgebracht. Auch die
Wollfärberei wurde fortgebildet und mit einer Unzahl neuer und

sehr schöner Farbstoffe überschüttet, von denen sich besonders
die auf der Faser mit Chrom gebeizten durch außerordentliche
Echtheit auszeichnen. Der Zeugdruckerei wurden die mannig-
faltigsten Farbstoffe zur Verfügung gestellt und neue Druck- und
Ätzverfahren ausgearbeitet. Auch die Gebiete der Papier-,
Tapeten-, Druck-, Lack- und Holzfarben, der Leder- und Pelz-
färberei usw. wurden erobert. Alles, was sich von Gebrauchs-
gegenständen nur irgend färben läßt, wurde der Teerfarben-
industrie zinspflichtig.

Das in der Abb. 2 wiedergegebene Modell erläutert die Herstellung eines Teerfarbstoffes (Benzopurpurin). Es ist ein Geschenk
der Farbenfabriken vorm. F. Bayer & Co. in Elberfeld an das
Deutsche Museum (Saal 40).

In der untersten Bütte mit offen liegendem Rührwerk erfolgt die eigentliche Farbstoffherstellung, durch Zusammenrüh-
ren der in den oberen Bütten vorbereiteten Lösungen, die beim
Benzopurpurin z. B. diazotiertes Benzidin und Naphthionsäure
enthalten. Der Inhalt der Farbstoffbütte wird in den Druckkessel
gesaugt und aus diesem in die Filterpresse (am Boden, rechts von
dem Kessel) gedrückt, in der der Farbstoff von der Brühe befreit
wird.

Um aus den aromatischen Kohlenwasserstoffen des Teeröls
über mannigfache chemische Umwandlungen, den sog. Zwischenprodukten, hinweg, zu den Farbstoffen zu gelangen, werden
in großem Ausmaße anorganische Säuren, Alkalien, Salze, auch
Elemente verwandt, wie Schwefelsäure, Salpetersäure, Salzsäure,
Ätznatron, Soda, Ammoniak, Schwefelnatrium, Natriumnitrit,
Bichromat, Chlorate, Chlor, Schwefel, Eisen, Zink usw. Die Farbwerke gingen dazu über, sich viele derselben, wie Schwefelsäure, Salpetersäure, Salzsäure, Ätznatron, Chlor usw. im eigenen
Betriebe herzustellen. In manchen Fällen genügten die alten
Verfahren dabei nicht den zu stellenden Anforderungen, und neue
mußten ausgearbeitet werden. Als z. B. der Ausbau der Alizarin-
farben immer größere Mengen rauchender Schwefelsäure brauchte,
und die aus Böhmen kommende knapp und teuer wurde,
da arbeitete man in der Badischen Anilin- und Sodafabrik das
sog. Kontaktverfahren aus. Bei diesem wird schweflige Säure
zusammen mit Luft über erhitzten Platinschwamm als Überträger (Kontaktmasse) geleitet; sie verbrennt dabei zu Schwefel-
säureanhydrid (Schwefeldreioxyd), das mit Wasser zunächst
Schwefelsäure und mit dieser dann rauchende Schwefelsäure gibt[7].

Abb. 2.
Darstellung von Benzopurpurin.

(Ein anderes Werk verwandte später an Stelle von Platin Eisenoxyd.) Die Verbilligung der rauchenden Schwefelsäure kam der Badischen gerade recht für die Ausarbeitung ihrer Indigodarstellung. Der große Bedarf an dieser starken Säure zwang dann auch die anderen Werke zur Aufnahme des Kontaktverfahrens.*)

In solch zusammenhängendem Ausbau auf organischem und unorganischem Gebiet entwickelten sich die Farbstoffwerke zum Großgewerbe.

In richtiger Erkenntnis der wichtigsten Grundlage ihrer Stärke hielten sie mit der Wissenschaft immer allerengste Fühlung. In großzügiger Weise richteten sie sich eigene Forschungsabteilungen ein, in denen bald viele hundert vorzüglich ausgebildete Chemiker in emsiger und erfolgreicher Arbeit die Errungenschaften der Wissenschaft und die immer reicher werdenden Erfahrungen zu weiteren Fortschritten und Erfindungen auszuwerten suchen.

Der Erfolg war ein überaus lohnender. Es wurde nicht nur die ausländische Ware vom deutschen Markt verdrängt, sondern auch der ausländische Markt erobert. Der ständig zunehmende Absatz dorthin sicherte den chemischen Werken selbst in Zeiten allgemeinen Niederganges im deutschen Wirtschaftsleben, wie er nach 1900 eintrat, eine ruhige und stetige Fortentwicklung. Dabei gab es für sie keine Begrenzung auf dem chemischen Arbeitsgebiet, und neben den Farbstoffen wuchs hier ein zweites zu segensreichster Wirkung für die Menschheit heran, das der künstlichen Heilmittel.

Als ein Beispiel dafür, wie sich ein Unternehmen der chemischen Industrie aus den bescheidensten Anfängen zu weltumspannender Bedeutung entwickelte, seien die Farbenfabriken, vorm. Friedr. Bayer & Co. in Leverkusen bei Köln gewählt. Sie wurden 1850 ins Leben gerufen, haben also die ganze Entwicklung, welche die Farbenindustrie genommen, mitgemacht. Das Werk begann mit der Herrichtung und dem Verkauf natürlicher Farben. So-

---

*) Einen guten Einblick in die Säureindustrie gewähren die Bilder und Modelle des Deutschen Museums (Saal 40, Abt. III). Dort findet sich z. B. ein großes Modell einer modernen Salpetersäurefabrik (Geschenk des Vereins chemischer Fabriken in Mannheim). Ein zweites Modell zeigt die Schwefelsäurefabrik Leverkusen der Elberfelder Farbenfabriken vorm. Bayer & Co. Ein drittes macht mit der Schwefelsäurefabrikation nach dem Kontaktverfahren bekannt, das 1888 von der Badischen Anilin- und Sodafabrik zu technischer Vollenduug gebracht wurde.

bald die Teerfarbstoffe eine Rolle zu spielen begannen, wandte es sich ihrer Darstellung, besonders derjenigen des Fuchsins, zu. Seit 1871 bereitete Bayer künstliches Alizarin. Einen großen Aufschwung nahm die Firma, die unterdessen in eine Aktiengesellschaft umgewandelt worden war, mit der Herstellung der Benzo-

Abb. 3.

Geheimrat Professor Dr. Dr.-Ing. Karl Duisberg, Generaldirektor der Farbenfabriken vorm. Friedr. Bayer & Co. in Leverkusen bei Köln a. Rhein, hat als Chemiker, Erfinder und Organisator das Werk zu seiner weltberühmten Größe gebracht. Er schuf die »Interessengemeinschaft der Teerfarbenfabriken«. Die deutsche chem. Wissenschaft und Literatur erfuhr durch ihn eine bedeutende geistige und materielle Förderung. Auch ist Duisberg von jeher an hervorragender Stelle in vielen wirtschaftlichen Verbänden tätig und im Reichswirtschaftsrat seit dessen Bestehen eifrigster Mitarbeiter an der Behandlung der großen volkswirtschaftlichen Probleme der Gegenwart. Duisbergs ist auch aus dem Grunde hier gedacht, weil er die Herausgabe dieser Sammlung von Heften mit angeregt hat.

farben (1884). Diese riefen eine Umwälzung in der Baumwollfärberei hervor, da sie direkt färben, d. h. ohne vorherige Behandlung der Faser mit Beize. Das Benzopurpurin, das C. Duisberg (s. Abb. auf S. 17) erfand, wurde in großen Mengen als Ersatz für Türkischrot verwendet. Ein Modell, das seine fabrikmäßige Herstellung lehrt, haben die Farbenfabriken dem Deutschen Museum gestiftet (s. Abb. 3). Auch auf dem Gebiete der Wollfarbstoffe sind sie bahnbrechend gewesen.

Um die Mitte der achtziger Jahre wandte man sich auch der Gewinnung von Heilmitteln aus dem Steinkohlenteer zu. Es erschloß sich das heute so umfangreiche Gebiet der pharmazeutischen Produkte. Unter ihnen seien nur das Fiebermittel Phenacetin, die Schlafmittel Sulfonal und Veronal, sowie das allbekannte Aspirin genannt. Das größte Aufsehen erregte während des letzten Jahrzehnts die künstliche Herstellung von Kautschuk, der aber leider das Naturprodukt noch nicht aus dem Felde zu schlagen vermochte.

Wie es in einem solchen modernen Betriebe aussieht, zeigt uns ein Blick in das Innere eines Fabrikraumes (Abb. 4) und ein zweiter in ein wissenschaftliches Laboratorium (Abb. 5). Wenn man den Fortschritt ahnen will, den der Forscher- und Erfindergeist in den wenigen Jahrhunderten seit dem Ende des Mittelalters herbeigeführt hat, muß man Abb. 5 mit derjenigen vergleichen, die uns das 9., von den Anfängen der Chemie handelnde Heft in dem Bilde »alchemistisches Laboratorium« vorführt.

Einen Überblick über die Entwicklung des Werkes liefert auch der Vergleich der in seinen Betrieben beschäftigten Arbeiter:

Ende 1875 waren es   119 Arbeiter
„   1890   „   „   1264   „
„   1900   „   „   4515   „
„   1915   „   „   7654   „
„   1921   „   „   9544   „

Dazu kommen heute 288 Chemiker, 63 Ingenieure, 66 Färbereitechniker, 137 Bau- und Maschinentechniker, 680 technische und etwa 1150 kaufmännische und andere Beamte. Insgesamt besitzen die Farbenfabriken, vorm. Bayer & Co. heute über 12000 Werksangehörige.

Daß ein solches Unternehmen nicht etwa nur Gewinn abwirft sondern auch Segen spendet, Segen nicht nur für die Gesamtheit sondern auch für jeden, der sich ihm widmet, sei es auch nur in bescheidener, seinen Kräften angemessener Stellung, das beweisen, die zahlreichen Einrichtungen, die für die Ernährung, die Unterkunft, die Gesundheitspflege, für Erholung, für das Bildungswesen, kurz für alles, was zur Veredelung des menschlichen

Abb. 4.

Ein Bild aus dem Betriebe einer Farbenfabrik.

Die großen deutschen Farbwerke, von denen in diesem Abschnitte des öfteren
die Rede ist, erzeugen aus den Rohstoffen (Teer, Mineralien etc.) zunächst
meist eine große Zahl von organischen und anorganischen Zwischenprodukten.
Das Enderzeugnis besteht mitunter aus einigen tausend Farbstoffen, pharmazeutischen, photographischen usw. Artikeln. Bayer & Co. z. B. hat bisher
8000 deutsche und ausländische Patente entnommen. In dem Betriebe dieses
Werkes befinden sich etwa 140 Dampfkessel, 150 Dampfmaschinen und
1300 Elektromotoren.

Abb. 5.

Blick in das wissenschaftliche Laboratorium einer Farbenfabrik.

Hunderte von neuen synthetisch gewonnenen Stoffen wandern alljährlich aus solchen Erfinderlaboratorien in besondere Institute, wo sie auf Farbwirkung, Lichtechtheit, Heilkraft usw. untersucht werden. In der zuletzt genannten Hinsicht bedient man sich besonders des Tierexperiments. Überall sind bewährte Forscher und Fachmänner tätig. Für den Vertrieb sind endlich zahlreiche Filialen mit Agenturen erforderlich, die sich über die gesamte Erde verteilen.

Lebens dient, geschaffen wurden. Wie großzügig seine Leiter diese Seite ihrer Aufgabe wahrnehmen, erkennt man daraus, daß 1920 die freiwilligen Aufwendungen für Wohlfahrts- und Bildungseinrichtungen sich auf M. 18,200000 beliefen, während die vom Gesetz geforderten M. 4,700000 betrugen.

3. Die Herstellung künstlicher Heilmittel und photographischer Präparate.

Es hat ja sehr nahe gelegen, nachdem der Wissenschaft die künstliche Darstellung organischer Stoffe gelungen war, zu versuchen, ob diese nicht irgendwie als Heilmittel zu verwenden wären. Die Beobachtungen waren im Anfang mehr oder weniger zufälliger Natur. Im Jahre 1846 wurde der Äther als Betäubungsmittel erkannt, wenig später auch das Chloroform. 1869 entdeckte man die schlafbringende Wirkung des Chloralhydrats. Als es gelungen war, die künstliche Darstellung der Salizylsäure durch Einwirkung von Kohlensäure auf Phenolnatrium[8] für den Betrieb auszuarbeiten, wurde zu ihrer Herstellung im großen eine chemische Fabrik gegründet. Die Salizylsäure erlangte außerordentliche Bedeutung als fäulnishinderndes Mittel und wurde mit Erfolg gegen Rheumatismus verwendet. Zahlreiche Abkömmlinge von ihr bereicherten alsbald den Arzneischatz.

Das größte Aufsehen erregte dann das Antipyrin, das 1883 dargestellt und bald darauf als Fiebermittel erkannt wurde. Die Höchster Farbwerke nahmen seine Herstellung auf. Nun setzte von allen Seiten eine lebhafte Arbeit ein, an der sich die Farbwerke sowohl wie die ausgesprochen pharmazeutischen Betriebe in scharfem Wettstreit zum Segen der Menschheit beteiligten. Alte, aus Pflanzen gewonnene Heilmittel wurden in ihrem Aufbau erforscht und zum Teil künstlich dargestellt, neue künstliche Heilmittel des verschiedensten chemischen Aufbaues wurden manchmal durch merkwürdige Zufälle gefunden. Und immer war dabei das neue Bessere ein Feind des alten Guten. Es seien wenige Beispiele genannt: Das Fiebermittel Phenazetin (Bayer); Pyramidon (Höchst) und Aspirin (Bayer) gegen Kopf- und Nervenschmerzen; für örtliche Gefühlslähmung Novokain (Höchst) als Ersatz für Kokain; als gefäßverengendes und blutstillendes Mittel Suprarenin, das künstlich dargestellte Adrenalin der Nebennieren (Höchst); das Abführmittel Phenolphthalein;

gegen Trypanosomen[9] das Trypanrot, beides Farbstoffe; die Schlafmittel Sulphonal, Veronal und Adalin (Bayer); endlich gegen Spirochäten[10] das Salvarsan von Ehrlich (Höchst).

Die Zahl der auf den Markt gebrachten, künstlich dargestellten Heilmittel beträgt heute schon mehrere tausend. Von diesen haben sich nur verhältnismäßig wenige die allgemeine Wertschätzung erworben; aber mit diesen ist zum Wohl der Menschheit schon außerordentlich viel geleistet worden. Inzwischen ruht die Forschung nicht. In den großen Werken widmen sich diesem Gebiet wissenschaftliche Abteilungen, in denen viele Chemiker arbeiten; die von ihnen hergestellten neuen Stoffe werden in einer besonderen Abteilung unter ärztlicher Leitung auf ihre Wirksamkeit und Verwendbarkeit geprüft. Nur sehr wenige bestehen diese Prüfung; die Ausbeute ist von zuständiger Seite mit 0,5% angegeben worden. Die engste Verbindung besteht mit den Hochschulen, die gerade bei der Erfindung neuer Heilmittel besonders erfolgreich mitgewirkt haben. Für die Herstellung von Heilserum gegen Tuberkulose, gegen Diphtheritis usw. haben das Höchster Farbwerk seit 1912 und auch Merck große Anlagen errichtet. Die Ausfuhr an Arzneiwaren betrug 1913 3799 t im Werte von 44,332 000 M.

Ein anderes Sondergebiet, das seit der Mitte des 19. Jahrhunderts rasch an allgemeiner Bedeutung gewann, war die Lichtbildkunst. Sie eröffnete eine neue Absatzmöglichkeit für chemische Stoffe. Es sind deren nicht viele; es kommen nur wenige anorganische Salze wie Silbernitrat, Bromkalium, Goldchlorid, Natriumthiosulfat in Betracht; ferner einige organische Entwickler, Abkömmlinge aromatischer Oxy- und Aminooxyverbindungen, in neuerer Zeit auch Farbstoffe, die die lichtempfindliche Schicht farbenempfindlich machen. Bei der heutigen Ausbreitung der Lichtbildkunst ist der Bedarf an diesen chemischen Hilfsstoffen ein außerordentlich großer. Ihre Gewinnung liegt durchaus im Arbeitsrahmen der chemischen Werke, und Schering, Merck, Bayer, Höchst u. a. widmen sich ihr in bedeutendem Maße. Eine eigene Facherfahrung hat sich dabei für die Herstellung der Lichtbildplatten und Papiere herausgebildet, mit der sich besondere, allgemein bekannte Werke beschäftigen. Auch die Aktiengesellschaft für Anilin-Fabrikation besitzt für Lichtbildplatten und Films und Bayer für Papiere einen hervorragenden Ruf.

4. Die Gewinnung von Sprengstoffen.

In den Aufstieg der organischen Chemie fällt auch die neuzeitliche, ganz außerordentliche Entwicklung der Sprengstoffe. Als solches hatte Jahrhunderte hindurch allein das Schwarzpulver gedient. Es besteht aus einer Mischung von Schwefel, Kohle und Salpeter. Dieser liefert den Sauerstoff zur Verbrennung der beiden andern; sie geht verhältnismäßig langsam vor sich.

Zu ganz anderen Sprengstoffen von stärkster Wirkung gelangte man durch die Herstellung der organischen Nitrokörper.

Abb. 6. Alfred Nobel, der Stifter der Nobelpreise, wurde 1833 in Stockholm geboren. Durch grundlegende Erfindungen (Dynamit, Sprenggelatine) wurde er der Schöpfer der heutigen Sprengstoffindustrie. Auch auf anderen Gebieten war er mit Erfolg erfinderisch tätig.

Bei ihnen wird der Sauerstoff zur möglichst raschen, schlagartigen Verbrennung des organischen Anteils aufs engste mit diesem verbunden. Dazu wird die auch im Salpeter enthaltene Nitrogruppe dem Molekül des organischen Stoffes einverleibt. Zur Herstellung dieser Stoffe verwendet man ein Gemisch von Salpetersäure und Schwefelsäure, das man auf Glyzerin, Baumwolle, gut gereinigte Zellulose, Phenol, Toluol und andere geeignete organische Stoffe einwirken läßt, deren Zahl sich im Kriege stark vermehrt hat. Es entstehen Nitroglyzerin, Nitrozellulose, Trinitrophenol (Pikrinsäure), Trinitrotoluol usw.[11]. Aus wissen-

schaftlichen Arbeiten waren diese Stoffe schon bekannt. Es ist
das Verdienst von Alfred Nobel, seit 1863 ihre Anwendung als
Sprengstoffe erschlossen zu haben (Abb. 6). Er arbeitete zunächst
mit Nitroglyzerin. Diesem Sprengöl nahm er seine Gefährlichkeit
durch Zumischen von Kieselgur. So entstand das Dynamit.
Andere führten die Nitrozellulose ein. Nobel erfand noch für die
Herstellung von rauchlosem Pulver die sehr wertvolle Mischung
von Nitrozellulose mit Nitroglyzerin. Rasch wuchs das Gebiet zu
allergrößter Bedeutung an, besonders als zum Füllen von Granaten
die aromatischen Nitrokörper herangezogen wurden, und zwar
zuerst die schon sehr lange bekannte Pikrinsäure 1881 in Frankreich als Melinit, dann gegen Ende des Jahrhunderts das Trinitrotoluol und später noch viele andere. Der wachsende Bedarf
an Spreng- und Treibmitteln reizte, immer neue Stoffe und Mischungen zu versuchen und sie den besonderen Zwecken und
Anforderungen anzupassen. Dabei kamen auch die anorganischen
Salze wieder zu Ehren, wie der Ammonsalpeter, Chlorate und
Perchlorate[12], von denen der erste in außerordentlich großer Menge
in Mischungen von Sicherheitssprengstoffen verwendet wird.
Dazu kam noch die Herstellung von Sprengkapseln. Sie enthalten als Füllung einen außerordentlich heftig explodierenden
Stoff, wie Knall-Quecksilber, dessen Explosionswelle die Explosion des Sprengstoffes auslöst. In letzter Zeit ist noch ein ganz
anders gearteter Sicherheitssprengstoff in Aufnahme gekommen,
nämlich flüssige Luft gemischt mit Kohle. Eine Kohlenpatrone
wird erst am Orte der Sprengung mit flüssiger Luft getränkt,
die im Bergwerk selbst hergestellt werden kann, und dann zur
Entzündung gebracht. Diese verläuft als starke Explosion.
Als Beispiele für die zur Herstellung von Sprengstoffen ge-
gründeten Werke seien die 1876 gegründete Dynamit-Akt.-
Ges. vorm. Alfred Nobel, die Rheinisch-Westfälische Spreng-
stoff-A.-G. (1886), die Köln-Rotweil-A.-G. (1890) angeführt. Mannigfache Anregungen und Entwicklungsmöglichkeiten gingen
wieder von diesem Gebiete aus, z. B. die Herstellung von
Kunstseide. Sie sollen später besprochen werden.

5. Die Gewinnung von Soda.

Während dieses mächtigen Aufschwungs der organisch-
chemischen Gewerbe war bei den anorganischen durchaus kein
Stillstand eingetreten. Hier war im Jahre 1863 dem alten, ver-

dienten Le Blanc-Sodaverfahren ein Gegner erstanden, dem es nach langem, hartem Ringen bis auf geringe Überbleibsel unterlag. Die wissenschaftliche Erkenntnis hatte schon lange eine einfachere Möglichkeit zur Herstellung von Soda ausgespürt. Sie beruht auf der Verwendung weniger und billiger Stoffe wie Kochsalzlösung, Kalk und Ammoniak, und einfacherer Maßnahmen. Der Kalk wird gebrannt und liefert Kohlensäure. Diese wird in die ammoniakhaltige Salzsole eingeleitet. In die zwei Säuren Kohlensäure und Salzsäure teilen sich nun die Basen Ammoniak und Natron so, daß das Ammoniak die Salzsäure unter Bildung von Salmiak übernimmt, während das Natrium sich mit der Kohlensäure zu Soda und weiter zu Natriumbikarbonat vereinigt. Dieses fällt als schwerlösliches Salz aus der Lösung und wird von ihr getrennt. Durch Erhitzen spaltet es Kohlensäure ab, und Soda bleibt zurück. Aus der abgezogenen Lösung wird das Ammoniak durch Behandlung mit Kalk ausgetrieben und von neuem verwandt. Man verbraucht also zur Gewinnung von Soda nur Kochsalz und Kalk[13]. Trotz der Einfachheit des Verfahrens war, wie in der Chemie so oft, die wirtschaftliche Durchführung sehr schwer. Sie gelang erst im Jahre 1863 dem Belgier Ernst Solvay. Zur Ausbeutung seines Verfahrens errichtete Solvay auch in Deutschland eine Gesellschaft mit dem Sitz in Bernburg. Mit dem Aufkommen der „Ammoniaksoda" hatte die Todesstunde der meisten Le Blanc-Sodawerke in Deutschland geschlagen. Der Preis der Soda sank in wenigen Jahren von 320 auf 80 M. Anlagenwerte in Höhe von 100 Mill. M. wurden in kurzer Zeit entwertet. Man mußte sich nach anderer Ausnutzung der Werksanlagen umsehen. Nur der „Rhenania" in Aachen gelang es, durch vorzügliche Ausnutzung der Nebenerzeugnisse das Le Blanc-Sodaverfahren am Leben zu erhalten.*)

Aus Soda stellt man durch Umsetzung mit gebranntem Kalk Ätznatron her. Dies Absatzgebiet für Soda wurde geschmälert, als die Elektrochemie als Mitbewerberin auf dem Arbeitsmarkt erschien.

---

*) Solvays Verfahren der Sodafabrikation wird im Deutschen Museum (Saal 40, Abt. II) durch eine Reihe von Modellen der hierbei zur Verwendung kommenden Apparate dargestellt. Die Modelle wurden unter Solvays Leitung angefertigt.

6. Die Rolle der Elektrizität in der chemischen Industrie.

Über die Verwendung des elektrischen Stromes zur Herbeiführung chemischer Trennungen und Umsetzungen lagen schon
lange die bemerkenswertesten Forschungsergebnisse vor. Schon
1807 hatte der Engländer Davy das Natrium, 1856 hatte in
Deutschland Bunsen das Aluminium elektrolytisch abgeschieden.
Aber erst, als Werner von Siemens 1869 die Dynamomaschine
erfunden hatte, und damit elektrischer Strom in beliebiger
Stärke und billig zur Verfügung stand, wurde seine wirtschaftliche Auswertung möglich. Die Arbeit, die zu diesem Zwecke
mit aller Macht einsetzte, führte Schlag auf Schlag zu großen
Erfolgen. 1886 ließen sich unabhängig voneinander ein Franzose
und ein Amerikaner die elektrolytische Gewinnung des Aluminiums
patentieren. 1889 gelang dem Griesheimer Werk die betriebsmäßige Herstellung von Ätzkali und Chlor aus Kaliumchlorid-
lösung, 1893 die Abscheidung von metallichem Natrium aus
geschmolzenem Ätznatron. 1892 folgte die Patentierung eines
Verfahrens zur elektrischen Gewinnung von Kalziumkarbid; von
1893 stammt das Patent zur Erzeugung von Kalk-Stickstoff, und
1903 gelang die Verbrennung des Luftstickstoffes zu Salpetersäure
im elektrischen Flammenbogen.

Für die Ausführung all dieser Verfahren sind die Länder
besonders bevorzugt, die über reiche Wasserkräfte zur billigen
Erzeugung des elektrischen Stromes verfügen. Zu ihnen gehört
Deutschland nicht in dem Maße, wie z. B. Skandinavien und die
Schweiz. Trotzdem hat sich auch bei uns die Elektrochemie zu
großer Bedeutung entwickelt; sie sucht natürlich Gegenden mit
billigem Kraftbezug auf, und ist daher vor allem in der Nähe unserer Wasserkraftanlagen und Braunkohlengruben zu finden.

Außerordentliche Mühe hat die Übertragung der einfachen
Elektrolyse einer Lösung von Chlornatrium oder Chlor-
kalium ins Große bereitet. Lange Jahre ist von vielen daran
gearbeitet worden, bis man zum Ziele kam. Das Verfahren heißt
das Diaphragmaverfahren, weil bei ihm eine poröse Scheidewand, das Diaphragma, die Schichten um die Elektroden voneinander trennt, damit sich die erhaltenen Bestandteile, Kali-
oder Natronlauge und Chlor, nicht wieder vereinigen (Abb. 7). Es hat
viel Mühe gekostet, den geeigneten Stoff für eine Scheidewand

zu finden, der gegen Alkali sowohl wie gegen Chlor gleich beständig ist. Man formte schließlich das Diaphragma aus einer Mischung von Zement, Kochsalz und Salzsäure. Als Kathode, an der sich das Ätzkali bildet und der Wasserstoff entwickelt, wird Eisen verwendet, und die Anode, an der sich das Chlor abscheidet, besteht aus Eisenoxyd. Dies Griesheimer Verfahren ist in Deutschland an vielen Stellen in Gebrauch. Daneben haben auch noch Verfahren Bedeutung erlangt, die ohne Diaphragma arbeiten. Erwähnt sei nur das Quecksilberverfahren. Bei diesem wird die Kathode von fließendem Quecksilber gebildet. Darin löst sich das durch den Strom abgeschiedene Natrium auf

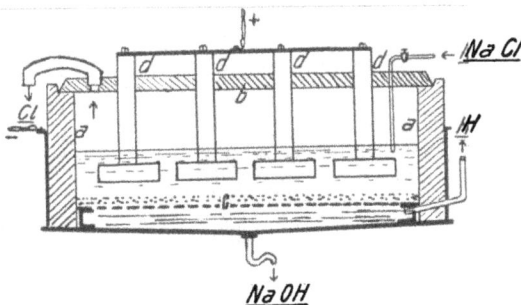

Abb. 7. Durchschnitt durch eine Diaphragmen-Elektrolysieranlage.

In einen Eisenkasten sind Wände *a* und Deckel *b* aus Beton eingesetzt. Über dem Boden ist ein Eisendrahtnetz *c* angebracht, das als negativer Pol (Kathode) dient und über dem als Diaphragma Asbesttuch und Asbestwolle gemischt mit Bariumsulfat ausgebreitet ist. Durch den Betondeckel ragen die Anoden *d* aus Graphit in das Bad hinein. Von rechts oben fließt ständig Kochsalzlösung (NaCl) zu und unten Natronlauge (NaOH) ab. Rechts unten entweicht Wasserstoff (H) und links oben Chlor (Cl).

und wird mit ihm aus dem Bade herausgeführt. Durch Zerlegen des Quecksilber-Natriumamalgams mit Wasser erhält man dann recht reine Natronlauge [14].

Wir gelangen zur elektrolytischen Gewinnung des Aluminiums. Dieses Metall wird aus Tonerde gewonnen, die sehr rein sein muß, und die in einem Schmelzfluß von Kryolith, das ist Aluminiumfluorid und Kalziumfluorid gelöst wird (Abb. 8). An der Ausarbeitung dieses Verfahrens hat die Allgemeine Elektrizitäts-Gesellschaft hervorragenden Anteil genommen. Die erste Anlage wurde in Neuhausen in der Schweiz errichtet, eine zweite 1900 in Rheinfelden. Im Kriege sind unter Beteiligung des Deutschen Reiches u. a.

das Erftwerk im Rheinland und die Vereinigte Aluminium-Industrie A.-G. gegründet worden. Bemerkenswert für die Fortschritte in der Herstellung ist die Preisentwicklung. 1 kg Aluminium kostete 1854: 2400 M., 1856 noch 300 M., 1887 70 M. und 1912 1,5 M. 1913 wurden in Deutschland 800 t Aluminium hergestellt, die Erzeugungsfähigkeit ist 1919, vielleicht etwas hoch, mit 140000 t eingeschätzt worden.

In ähnlicher Weise wird von einer Aluminium- und Magnesium-Fabrik bei Bremen und von Griesheim-Elektron in Bitterfeld Magnesium elektrolytisch aus geschmolzenem Karnallit [15] gewonnen, der mit etwas Kalziumfluorid versetzt ist. Magnesium

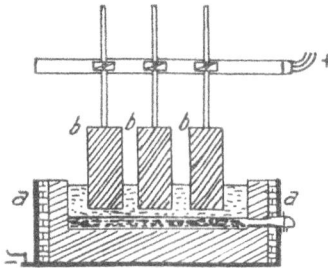

Abb. 8. Aluminiumgewinnung durch Elektrolyse.

Ein eiserner Kasten *a* ist mit Kohlen ausgekleidet und dient als Kathode. Von oben hängen die Kohlenanoden *b* hinein. Durch Kurzschluß wird das Badsalzgemisch zusammengeschmolzen. Dann wird Tonerde zugegeben. Durch Elektrolyse scheidet sich das Aluminium unten auf der Kathode flüssig ab. Nach Beendigung der Elektrolyse öffnet man am Boden des Kastens das Abstichloch und läßt das Aluminium herausfließen.

ist allgemein bekannt in der Verwendung als Blitzlichtpulver. Große Bedeutung hat es für die Herstellung zahlreicher wertvoller Legierungen (Magnalium, Elektron usw.) erlangt.

Natrium kann elektrolytisch sowohl aus geschmolzenem Ätznatron als auch aus Kochsalz hergestellt werden. Natrium dient zur Gewinnung von Natriumsuperoxyd, Natriumamid und Cyannatrium. Das Amid spielt eine wichtige Rolle für die Indigoschmelze; das Cyanid wird in größten Mengen zum Auslaugen von goldarmen Erzen verwendet. Das erste erhält man durch Überleiten von trockenem Ammoniak über geschmolzenes Natrium und Cyannatrium entsteht durch Erhitzen des Natriumamids mit Holzkohle [16].

Wird bei dem besprochenen Verfahren der elektrische Strom, abgesehen von dem Heizen der Schmelzen, im wesentlichen zur Herbeiführung der chemischen Trennung benutzt, so dient er in anderen Fällen nur dazu, sehr hohe Wärmegrade zu erzeugen; dies ist der Fall bei einem neuen Verfahren zur Herstellung von Phosphor; es war schon von Wöhler angegeben worden, aber erst die Ausbildung des elektrischen Ofens ermöglichte seine Durchführung. Es besteht darin, daß eine Mischung von Kalziumphosphat mit Kieselsäure und Kohle stark erhitzt wird. Dabei bildet sich Kalziumsilikat, Kohlenoxyd und Phosphor, der abdestilliert[17]. Der Phosphor findet mannigfache Verwendung, die Hauptmenge wird zur Herstellung von Zündhölzern gebraucht. Lange Zeit waren wir zur Deckung unseres Bedarfes an diesem, zuerst von einem Deutschen hergestellten Elemente vom Ausland abhängig. Dies hörte auf, als im Jahre 1900 Griesheim die Herstellung aufnahm.

Auch zur Gewinnung von Kalziumkarbid aus gebranntem Kalk und Kohle ist eine Wärme von ungefähr 2000⁰ erforderlich, die nur im elektrischen Widerstandsofen erhalten werden kann. Von den Werken, die in Deutschland Kalziumkarbid erzeugen, seien die Bayerischen Stickstoffwerke und die Aktiengesellschaft für Stickstoffdünger genannt; die erste stützt sich auf Wasserkraft, die letztere auf Braunkohlenlager.

Das Kalziumkarbid dient besonders zur Herstellung von Azetylen. Bei seinem Aufkommen wurde auf dieses die größte wirtschaftliche Hoffnung gesetzt, und viele Karbidwerke wurden gegründet. Die Hoffnungen trogen, und die meisten Werke mußten den Betrieb einstellen, bis die Erzeugung dem nur beschränkt bleibenden Absatz entsprach. Die erfinderische Phantasie forschte nach neuen Verwertungen und fand sie sowohl für Azetylen wie für Karbid.

7. Die chemische Bindung des Luftstickstoffs.

Zuerst versuchte man durch Erhitzen des Karbids mit dem Stickstoff der Luft direkt Cyanid zu erhalten. Dies gelang zwar nicht. Aber im Verfolg langjähriger Arbeit wurde die Darstellung des Kalziumcyanamids gefunden. Man erhält es durch Einwirken von reinem, trockenem Stickstoff auf erhitztes, fein gemahlenes Karbid[18]. Die Anwärmung durch elektrische Widerstandserhitzung braucht nur zur Einleitung der Umsetzung zu erfolgen. Bei dieser entwickelt sich dann genügend Wärme, um die nötige Temperatur zu halten. Es muß sogar noch für Kühlung gesorgt werden. Später kam man auf den Gedanken, den neuen Stoff auf seine Verwendbarkeit als Düngemittel zu untersuchen; dies wurde in der Folge das Hauptanwendungsgebiet des „Kalkstickstoffes". Im Jahre 1905 wurde die Landwirtschaft zum erstenmal mit größeren Mengen Kalkstickstoff beliefert.

Auch im übrigen war die Bindung des Luftstickstoffes ein Problem von größter Bedeutung. Stickstoffverbindungen werden in großen Mengen gebraucht; die Salpetersäure in der organischen und in der Sprengstoffchemie; Ammonsalze und Salpeter vor allem von der Landwirtschaft als Düngemittel. Die Ammonsalze wurden nur aus dem Ammoniak der Steinkohlendestillation und der Kokereien, also in beschränkter Menge gewonnen. Der Salpeter wurde aus Chile eingeführt. Die dortigen Salpeterlager sind aber nur von absehbarer Dauer. Es erschien daher als Notwendigkeit, den in der Luft in unbeschränktem Maße zur Verfügung stehenden Stickstoff zu binden. Leider zeigte dieser nur eine außerordentlich geringe Neigung zu chemischen Umsetzungen. Noch zu Beginn des 20. Jahrhunderts wurde bei einem Überblick über die Entwicklung der chemischen Industrie Deutschlands über die laue Beschäftigung der Chemiker mit diesem Problem geklagt. Indessen die Lösung war schon unterwegs.

Aus dem Kalziumcyanamid kann man mannigfache Stickstoffverbindungen herstellen, z. B. Ammoniak bei der Einwirkung von überhitztem Wasserdampf. Auch die Erfüllung des Wunsches, Salpetersäure aus dem Luftstickstoff zu gewinnen, stand vor der Tür. Es war wissenschaftlich längst bekannt, daß beim Durchschlagen eines elektrischen Funkens durch die Luft Stickoxydgase entstehen. Es galt, diesen Vorgang für die betriebsmäßige Gewinnung von Stickoxyden auszubauen. Von vielen gleichstrebenden Erfindern gelangten einige Norweger zuerst ans Ziel. Dazu stellen sie eine große halbkreisförmige Flammenscheibe dadurch her, daß ein elektrischer Lichtbogen der Einwirkung eines starken Magneten ausgesetzt wird. In diese Flammenscheibe wird die Luft eingeblasen. Ein Teil des Stickstoffs verbrennt darin zu Stickoxyden, die aufgefangen und in Salpetersäure verwandelt werden (Abb. 9).

An der Ausarbeitung dieses Verfahrens haben sich später erfolgreich auch deutsche Erfinder betätigt. Es ist in den meisten

Ländern mit reichen Wasserkräften in Aufnahme gekommen. Auch in Deutschland hat man eine solche Anlage hergestellt. In einem zylinderförmigen Kessel wird zwischen den Elektroden ein „Flammenkörper" hergestellt und in diesen ein Gasgemisch eingeblasen, das je zur Hälfte aus Stickstoff und aus Sauerstoff besteht. Wesentlich für eine gute Ausbeute ist die rasche Abkühlung der heißen Oxyde, da sonst wieder Zersetzung eintritt.

Nun konnte man sich noch die Aufgabe stellen, den Stickstoff auch mit Wasserstoff ohne den kostspieligen Weg über

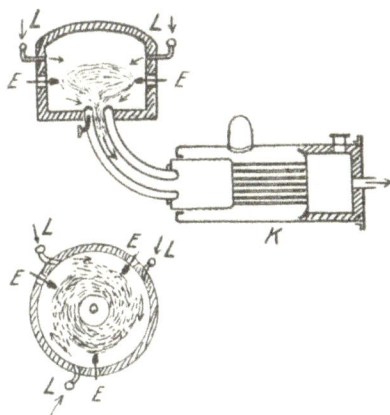

Abb. 9. Schnitt durch einen Stickstoff-Verbrennungsofen.

In dem mit feuerfesten Steinen ausgemauerten Ofenkessel wird zwischen den drei Elektroden (E) durch Kurzschluß ein Flammenkörper erzeugt. Durch diesen wird durch die Öffnungen (L) Luft in Wirbeln durchgeblasen. Dabei verbrennt ein Teil des Stickstoffes zu Stickoxyden. Die Gase gehen dann durch ein wassergekühltes Rohr in einen Röhrendampfkessel (K), in dem die Wärme abgegeben und ausgenutzt wird. Weiterhin gelangen sie in Gefäße, in denen die Stickoxyde abgeschieden werden.

Kalziumkarbid und Cyanamid direkt zu Ammoniak zu vereinigen. Wenige Jahre später war sie auch gelöst.

Es muß besonders betont werden, daß dies Verfahren aus dem ganz wissenschaftlichen Zweige der physikalischen Chemie entsprungen ist, Ihre Forschungen können leicht einem Fernerstehenden ziemlich weltentlegen erscheinen. Aber mit der tiefschürfenden Erkenntnis, die sie uns über die Natur und deren Gesetze verschafft, gibt sie uns auch die Mittel in die Hand, die Natur zu meistern. Jede Förderung der reinen Wissenschaft schlägt daher letzten Endes auch wieder zum Nutzen und zum Wohle der Menschheit aus.

3*

Es war bekannt, daß Stickstoff und Wasserstoff sich bei
hoher Temperatur in geringem Maße zu Ammoniak vereinigen,
daß bei ungefähr derselben Temperatur aber auch Ammoniak
wieder in Stickstoff und Wasserstoff zerfällt. Die wissenschaftliche Untersuchung der Gesetze dieser Bildung und Zersetzung
führten zu der Einsicht, daß sich der Vorgang zu einer wirtschaftlichen Darstellung von Ammoniak ausnutzen läßt. Es
gelang, günstige Bedingungen hierfür zu finden, und die Badische
Anilin- und Sodafabrik übernahm 1908 die Aufgabe der Ausarbeitung. Dieser stellten sich ganz außerordentliche Schwierigkeiten
in den Weg. Sie sind in harter, zielbewußter und ausdauernder
Arbeit überwunden worden. Es lohnt sich deshalb, hier etwas
länger zu verweilen.

Das Verfahren besteht darin, daß zwei Gase, Wasserstoff
und Stickstoff, unter hohem Druck (200 Atm.) bei hoher Temperatur (600⁰) durch Vermittlung eines Überträgerstoffes zur
Vereinigung gebracht werden. Schon um Gase unter diesen
erschwerenden Bedingungen handhaben zu lernen, mußte eine
besondere Versuchswerkstätte eingerichtet werden. Überaus zahlreiche Versuche waren notwendig, um einen guten und zuverlässigen Überträgerstoff ausfindig zu machen. Er wurde im
Eisen mit besonderer Vorbehandlung und mit besonderen Zu-
sätzen gefunden. Der Überträger erwies sich als sehr empfind-
lich gegen viele Stoffe. Er wird z. B. durch Schwefel oder Kohlenoxyd vergiftet und in kurzer Zeit unwirksam. Die Gase mußten
also aufs sorgfältigste von derartigen Verunreinigungen befreit
und besondere, für den Großbetrieb geeignete Verfahren mußten
hierfür ausgearbeitet werden. Dabei galt es, gleichzeitig möglichst billige Darstellungsverfahren für Wasserstoff und Stickstoff ausfindig zu machen. Der Wasserstoff wird jetzt aus
Wassergas und der Stickstoff aus Generatorgas gewonnen.
Wassergas entsteht durch Einblasen von Wasserdampf in glü-
henden Koks. Es ist in der Hauptsache aus Wasserstoff und
Kohlenoxyd zusammengesetzt. Das Generatorgas wird durch
unvollständige Verbrennung von Koks in einer Generator-
gasanlage erhalten und besteht im wesentlichen aus Kohlenoxyd und Stickstoff. Wassergas und Generatorgas werden im
bestimmten Mengenverhältnis gemischt, erhalten noch einen
Zuschuß von Wasserdampf, und das Ganze wird bei 400 bis 500⁰
über Eisenoxyd von bestimmter Zubereitung geleitet. Hier setzt
sich das Kohlenoxyd mit Wasser zu Kohlensäure und Wasserstoff

um, und man erhält ein Gemisch von Wasserstoff, Stickstoff und Kohlensäure mit einigen Verunreinigungen[19]. Die Kohlensäure wird durch Waschen mit Wasser bei 25 Atm. Druck entfernt, der giftige Kohlenoxydrest durch Waschen mit Kupferoxydullösung bei 200 Atm. Druck. Es bleibt dann die gebrauchsfertige Mischung von Wasserstoff und Stickstoff übrig, die nun durch den „Kontaktapparat" geschickt wird. Ein Teil der Mischung verwandelt sich hier in Ammoniak, das man hinterher aus ihr entfernt, worauf sie nach Auffüllung wieder durch den Kontaktapparat gepreßt wird. Dieser bereitete gleich bei den ersten Versuchen eine neue Schwierigkeit. Nach kurzer Verwendung explodierte er, und es erwies sich, daß das Eisen unter der Einwirkung des Wasserstoffes bei der hohen Temperatur und dem hohen Druck brüchig geworden war. Es mußte nun eine Eisensorte gesucht werden, die unter den schwierigen Arbeitsbedingungen von genügender Haltbarkeit ist. Dabei wußte man die schädliche Wirkung des hohen Innendruckes dadurch zu vermeiden, daß man das Gefäß auch von außen demselben Druck aussetzte.

Ein großer Vorteil des Verfahrens besteht darin, daß die Umsetzung zu Ammoniak, nachdem sie einmal eingeleitet ist, unter Erwärmung vor sich geht. Zum Anheizen braucht man dem Gasgemisch nur etwas Sauerstoff zuzugeben. Dieses Mittel dient auch dazu, während der Umsetzung die Temperatur richtig einzustellen.

Das entstandene Ammoniak kann aus den abgekühlten Umsetzungsgasen durch hohen Druck in flüssiger Form abgeschieden werden. Meist wird es durch Wasser herausgewaschen und eine 25proz. Ammoniaklösung erzielt. Aus dem so gewonnenen Ammoniak werden dann die verschiedensten Salze (Ammoniumchlorid, Ammoniumsulfat, Ammoniaksalpeter usw.) gewonnen.

Zur Herstellung des Ammonsulfats war Schwefelsäure notwendig. Als diese im Kriege äußerst knapp wurde, arbeitete man einen anderen Weg aus. Kalziumsulfat (Gips) ist bei uns reichlich vorhanden. Er setzt sich in Wasser mit Ammoniak und Kohlensäure unter Druck zu unlöslichem Kalk und löslichem Ammonsulfat um.

Auch die Herstellung von Harnstoff[20] aus Ammoniak und Kohlensäure wurde für den Großbetrieb ausgearbeitet und damit ein außerordentlich wertvolles Düngemittel gewonnen.

Alle diese Trennungen, Umsetzungen und Abscheidungen boten bei der Übertragung in den Großbetrieb immer neue, unerwartete Schwierigkeiten. Sie wurden aber alle überwunden. Die erste Anlage zur Herstellung des Ammoniaks kam 1913 in Oppau bei Mannheim in Betrieb. Sie hat sich zu einem Riesenwerk ausgewachsen. Ein neues, noch größeres Werk ist in der Nähe von Magdeburg gebaut worden. Beide zusammen sind in der Lage, jährlich 300 000 t gebundenen Stickstoff zu liefern.

Der Erfolg ist ein großer. Deutschland ist unabhängig von jeder Stickstoffeinfuhr geworden, auch von der des Salpeters, die im Jahre 1913 über 800 000 t betrug. Außerdem liegt noch ein Vorteil darin, daß unsere Landwirtschaft jetzt (1922) im Ammonsulfat, das im Inland hergestellt ist, den Stickstoffdünger 2½ mal so billig bezieht, als dies aus dem Ausland möglich wäre. Die Salpetersäure, die wir brauchen, können wir uns aus dem Ammoniak herstellen. Hierfür hatte man schon 1906 ein Verfahren ausgearbeitet, das auf der Zeche Lothringen in Anwendung war. Die Zwangslage des Krieges, die uns von jeder Salpeterzufuhr abschnitt, brachte dann reiche Gelegenheit, dieses und andere Verfahren im Großbetriebe weiter eingehend zu erproben und zu vervollkommnen. Man leitet ein Gemisch von Ammoniak und Luft über Platin oder über Eisenoxyd. Die notwendige hohe Temperatur wird durch die Verbrennung des Ammoniaks erzeugt. Es bilden sich Stickstoffoxyde, aus denen die Salpetersäure gewonnen wird.

Wenn wir uns vergegenwärtigen, daß wenig mehr als ein Jahrzehnt nach jener Mahnung (s. S. 30) die so überaus schwer erscheinende Aufgabe gelöst, und zwar im wesentlichen in Deutschland gelöst worden war, so bekommen wir eine Vorstellung von der Geschwindigkeit des Fortschritts und von der Größe der geistigen und wirtschaftlichen Kräfte, die ihn bewirkt haben. Jede neu gewonnene Stufe wird rasch wieder Mutterboden für üppig aufschießende neue Keime und Triebe.

8. Die Verwendung von Chlor und Wasserstoff.

Bei der Alkalichlorid-Elektrolyse (s. S. 27) entstehen Chlor und Wasserstoff. Das Chlor wird in der Hauptmenge in Chlorkalk übergeführt. Ein großer Teil findet aber auch Verwendung in der organischen Chemie zur Herstellung von Farbstoffen, von Heilmitteln, von chlorierten Kohlenwasserstoffen, die wie Tetra-Chlorkohlenstoff als Lösungsmittel dienen. Die Chemische Fabrik Th. Goldschmidt A.-G. in Essen entzinnt mit trockenem Chlor nach eigenem Verfahren Weißblechabfälle; sie gewinnt dabei Zinntetrachlorid, das sehr viel in der Seidenfärberei gebraucht wird.

Eine äußerst vielseitige Anwendung hat der Wasserstoff gefunden. Man denkt zunächst an die Füllung von Luftballons; in diesem wirkt er nur durch den Auftrieb infolge seines geringen spezifischen Gewichtes. Viel gebraucht wird er zum Schweißen und Zerschneiden mit der Knallgasflamme. Durch diese hat er auch für die Herstellung von künstlichen Edelsteinen, des Rubins und der Saphire, große Bedeutung erlangt. Das bewunderungswürdig ausgearbeitete Verfahren stammt von einem Franzosen her und wurde bei uns weiter entwickelt. Es besteht darin, daß Aluminiumoxyd mit färbenden Metalloxyden, wie Chromoxyd (beim Rubin), Eisenoxyd usw. in den Luftstrom der Knallgasflamme gebracht und von dieser zu einem sich ständig vergrößernden Tropfen niedergeschmolzen wird. Dieser nimmt beim Erkalten Kristallgefüge an und ist kaum von den entsprechenden natürlichen Edelsteinen zu unterscheiden.

Für die Seifensiederei erschien der Wasserstoff als Retter aus großer Not, als diesem Gewerbe die wertvollen Pflanzenfette durch die Margarine entzogen wurden. Es war gerade ein Verfahren ausgearbeitet worden, chemisch ungesättigte Fette wie Fischöl, Wallfischöl, Baumwollsamenöl u. a. durch Anlagerung von Wasserstoff mit Hilfe eines Überträgers (Palladium oder Nickel) zu veredeln, d. h. ihnen den üblen Geruch zu nehmen und sie in feste, talgartige Fette zu verwandeln. Diese sog. gehärteten Fette traten dann als vollwertiger Ersatz in die Lücke; sie gelangen sogar zum großen Teil auch in die Margarineherstellung. In sehr großem Umfange wird die Fetthärtung z. B. in den Bremen-Besigheimer Ölfabriken durchgeführt.

Auf ähnliche Weise wird jetzt durch Anlagerung von Wasserstoff an Naphthalin von der Tetralin-Gesellschaft das Tetralin gewonnen, aus Phenol das Hexalin, aus Azeton der Isopropylalkohol[21]. Das Tetralin findet als organisches Lösungsmittel die mannigfachste Verwendung und hilft in Mischung mit Benzol und Alkohol als Reichskraftstoff unserer Betriebsmittelnot für Kraftfahrzeuge ab.

Auch Hexalin[22] dient als Lösungsmittel und der Isopropylalkohol tritt in manchen Anwendungsgebieten, z. B. in ärztlicher Verwendung, vorteilhaft an die Stelle des gewöhnlichen Alkohols.

Schwere Teeröle, ja selbst Kohle lagern bei Anwendung von hohem Druck Wasserstoff an und geben dann mehr oder minder leichtflüssige Öle. Zur Ausarbeitung und Ausbeutung dieses Verfahrens ist das „Konsortium für Kohlenchemie" in Mannheim gegründet worden.

9. Der Aufbau organischer Stoffe aus den Elementen.

Eine andere neuzeitliche Entwicklungslinie geht vom Azetylen aus. Bekannt sind die nichtbrennbaren Lösungsmittel Tetrachloräthan, Trichloräthylen u. a., die aus ihm unter Verwendung von Chlor hergestellt werden. Viel wichtiger ist aber eine andere Umsetzung geworden, die es ermöglicht hat, aus Azetylen eine große Reihe von organischen Stoffen herzustellen, wie Azetaldehyd, Essigsäure, Alkohol, Essigester, Azeton u. a. Die Überführung des Azetylens in Azetylaldehyd ist die Grundlage für die Gewinnung der übrigen[23].

Beim Einleiten von Azetylen in eine Lösung von Quecksilberoxyd und Schwefelsäure wird das Gas lebhaft verschluckt, und es entsteht Azetaldehyd. Der Weg, den die chemische Erzeugung hier beschritten hat, ist aus einem besonderen Grunde von außerordentlicher Bedeutung. Wenn wir überlegen, daß Azetylen aus Kalziumkarbid und dieses aus Kalk und Kohle hergestellt wird, so sehen wir, daß es gelungen ist, eine Reihe von sog. organischen Stoffen, die man bis dahin immer nur durch Vermittlung der Lebenstätigkeit gewonnen hatte, aus den Elementen aufzubauen. Hierhin gehört z. B. die Erzeugung von Harnstoff aus Ammoniak und Kohlensäure nach dem Verfahren der Badischen Anilin - und Sodafabrik (s. S. 33) oder aus Kalkstickstoff, Wasser und Kohlensäure. Hierhin gehört auch das Verfahren, ameisensaures Natrium aus Kohlenoxyd zu gewinnen, indem man dieses unter Druck auf erhitztes Ätznatron einwirken läßt[24]. Aus dem ameisensauren Natrium wird dann durch Umsetzen mit Schwefelsäure die heute viel verwendete Ameisensäure dargestellt. Aus ameisensaurem Natrium wird aber auch durch Erhitzen oxalsaures Natrium gewonnen und aus diesem dann oxalsaurer Kalk und Oxalsäure.

Das waren nur einige einfache Beispiele. Die Wichtigkeit dieses Fortschrittes leuchtet ein, wenn man bedenkt, daß diese Stoffe und besonders die Essigsäure und der Alkohol die Grundlage für die verschiedenartigsten und weitgehendsten Umsetzungen bilden. Auf diesem Wege werden, um nur einige Beispiele zu geben, Äther, Chloralhydrat, Chloroform, Jodoform, Veronal, ja sogar künstlicher Kautschuk gewonnen, der bei Bayer mit Erfolg dargestellt worden ist.

10. Zelluloid und ähnliche Präparate.

Besondere Entwicklungslinien im chemischen Großgewerbe gingen von dem Sprengstoff Nitrozellulose (s. S. 24) aus. Zuerst ist hier die Herstellung des Zelluloids zu nennen. Dies ist eine feste Lösung[25] von Kampfer und Nitrozellulose, deren Darstellung im großen mit Erfolg zuerst einigen Amerikanern (1869) gelang. Seine vorzüglichen, bisher unübertroffenen Eigenschaften sind bekannt.

Kunstseidefäden aus Nitrozellulose stellten zuerst ein Engländer und dann vor allem der Franzose Chardonnet her. Sie lösten die Nitrozellulose in einem Gemisch von Äther und Alkohol auf, und drückten die Lösung in feinem Strahl in Wasser. Der Faden erstarrte dabei zu einem nach dem Trocknen äußerst glänzenden Faden. Durch Behandeln mit einer Lösung von Schwefelammonium wird daraus die Nitrogruppe entfernt und dem Faden damit die Gefährlichkeit genommen. Im Auslande wurde viel von dieser „Nitroseide" hergestellt. In Deutschland konnte sich das Verfahren trotz einiger Versuche wegen des zu hohen Alkoholpreises nicht behaupten. Hier entwckelte sich dafür im Rheinland (Oberbruch, dem Hauptwerk der Vereinigten Glanzstoff-Fabriken, ein anderes zu hoher Blüte, dessen Erzeugnis den Namen Glanzstoff erhielt. Zu seiner Herstellung wird Baumwolle in der blauen, wässerigen Lösung von Kupferoxydammoniak aufgelöst und in Natronlauge als Fällungsbad zu feinen Fäden ausgesponnen. Wegen der Rohstoffnot des Krieges mußte diese „Kupferseide" der „Viskoseseide" weichen. Sie besitzt den Vorzug, daß man an Stelle von Baumwolle Sulfitzellulose verwenden kann. Letztere wird mit Hilfe von Natronlauge und Schwefelkohlenstoff in Lösung übergeführt und dann in einer schwefelsauren Lösung von Natriumsulfat versponnen. Die Kunstseide (Abb. 10) erobert sich, dank ihrer besonders wertvollen Eigenschaften, immer größere Verwendungsgebiete. Heute beschäftigen sich eine nicht geringe Anzahl von Werken mit ihrer Erzeugung.

Die Sulfitzellulose wird aus Holz gewonnen, das also letzten Endes der Ausgangsstoff für Kunstseide ist. Nach einem im Anfang der siebziger Jahre des vergangenen Jahrhunderts ausgearbeiteten Verfahren wird zerkleinertes Holz mit einer Lösung von Kalziumsulfit unter Druck erhitzt, dann ausgewaschen und gebleicht. Die wertvolle Zellulose in ihm wird durch diese Maßnahmen von unbrauchbaren Begleitstoffen wie Harz, Fett usw. befreit. Auch diese Begleitstoffe, die in der Sulfitablauge enthalten sind, sucht man heute nutzbringend zu verwenden. Die große Zellstoffabrik Waldhof bei Mannheim z. B. unterwirft die Sulfitlauge nach entsprechender Vorbehandlung und Zugabe von Hefe und Nährsalzen einer Gärung und stellt dabei erhebliche Mengen Alkohol her.

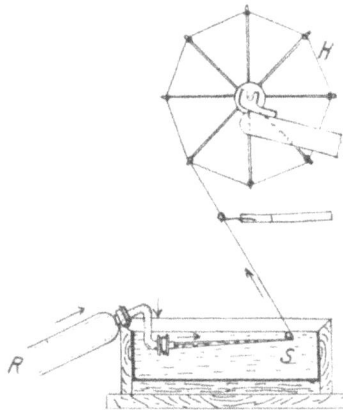

Abb. 10. Herstellung von Kunstseide.
Die zähflüssige Celluloselösung tritt durch ein Rohr (R) aus der Düse in das Spinnbad (S). Beim Durchziehen durch dieses erhärten die Fäden und werden dann auf einen Haspel (H) aufgewickelt.

Ein anderer Abkömmling der Zellulose ist die „Azetylzellulose". Sie wird aus Baumwolle hergestellt; so bei Bayer und der Aktiengesellschaft für Anilinfabrikation. Es geschieht dies durch Behandeln der richtig vorbereiteten Baumwolle mit Essigsäureanhydrid in Eisessig in Gegenwart von wenig Schwefelsäure. Azetylzellulose gibt einen wertvollen Lack. Aus ihr werden auch nicht entflammbare Filme hergestellt, im Auslande auch schon ein Kunstfaden.

Wir befinden uns hier auf dem Gebiet der sog. „Kunststoffe", auf dem sich unausgesetzt Erfinder mit mehr oder minder Erfolg betätigt haben und betätigen. Es seien noch zwei »Kunststoffe« angeführt, die in bedeutenden Mengen hergestellt

werden, das Kunsthorn, auch Galalit genannt, und der Kunst-
bernstein, Bakelit. Galalit wird aus dem Kasein der Milch und
Formaldehyd gewonnen und Bakelit aus Phenol und Formaldehyd[26].

11. Die Erzeugung künstlicher Riechstoffe.

Eine ziemlich selbständige Entwicklung hat die Erzeugung
künstlicher Riechstoffe genommen. Die natürlichen Riechstoffe sind mit Ausnahme des Moschus Pflanzenauszüge. Man
gewinnt sie seit alten Zeiten aus den Pflanzen durch Austreiben
mit Wasserdampf oder durch Ausziehen mit Fetten.

Im Laufe der Entwicklung der Chemie lernte man zunächst
Stoffe kennen, deren Geruch denjenigen bestimmter natürlicher
Riechstoffe sehr ähnlich ist. Nitrobenzol z. B. riecht wie Bittermandelöl. Da es billig herzustellen ist, wird es in großen Mengen zur
Geruchsgebung von Seifen benutzt. Auch natürlicher Moschus hat
solche chemischen Doppelgänger, die als künstlicher Moschus in den
Handel gebracht werden. Die Erfolge in dieser Richtung blieben
aber im Gegensatz zur Farbstoff- und Heilmittelchemie sehr
gering. Die Entwicklung schlug jetzt eine andere Bahn ein. Man
klärte die chemische Natur der Duftträger der natürlichen Wohl-
gerüche auf. Manchmal ist es nur ein Stoff, manchmal liegt
ein Gemisch von sehr vielen vor. Ihre künstliche Darstellung
wurde gesucht und gefunden. Diejenige des Vanillins, des feinen
Duftstoffes der Vanilleschote, ist ein Markstein auf diesem Arbeitsgebiet. Sie glückte 1874. Zur Gewinnung des Vanillins entstand ein Unternehmen in der waldreichen Gegend von Holz-
minden, denn man mußte von dem im Fichtenholz vorkom-
menden und aus ihm abgeschiedenen Koniferin ausgehen. Später
wurde das leichter zugängliche Eugenol des Nelkenöles verwandt. Heute wird Vanillin in der Hauptsache aus Guajacol
gewonnen. Während 1 kg im Jahre 1874 noch 7000 M. kostete,
war der Preis 1890 schon auf 30 M. gesunken.

Man lernte auch den Duftstoff des Heliotropins, des
Maikrautes und den des Veilchengeruches kennen. Bald nahmen
die Riechstoffwerke in eigenen Forschungsstätten die Arbeit auf
und führten sie mit großen Erfolgen weiter. Auch ganz verwickelte
Zusammensetzungen wurden aufgeklärt; so wurden z. B. im
Rosenöl 18 verschiedene Stoffe aufgefunden. War die Natur und
die Zusammensetzung der Riechstoffe bekannt, so war auch der
Weg für ihre künstliche Herstellung gegeben. Die einfachsten

Bestandteile wurden entweder aus dem billigen Pflanzenöl gewonnen, in dem sie vorkommen, oder künstlich aus Teerölen und anderen organischen Hilfsstoffen dargestellt. In vielen Fällen ist damit ein Riechstoff schon im wesentlichen fertig, so beim Cassiaöl (Zimmtaldehyd), Bittermandelöl (Benzaldehyd), Anis- und Fenchelöl (Anethol), Kümmelöl (Carvon), Birkenrinde und Wintergrünöl (Methylsalizylat), Vanillin, Senföl usw. In anderen Fällen wie bei Zitronen, Jasminblüten, Rosenöl müssen entsprechende Mischungen zusammengestellt werden. Darüber hinaus ist es nun möglich geworden, aus den zur Verfügung stehenden einzelnen Riechstoffen ganz neue Mischungen herauszubringen. Durch diese Arbeit hat sich das deutsche Riechstoffgewerbe, trotzdem es nur auf wenige im Inland anzubauende Duftpflanzen zurückgreifen kann, einen Weltmarkt geschaffen. Im Jahre 1913 führte es 673 t künstliche Riechstoffe im Werte von 6,289000 M. aus. Da bei Leipzig besonders der Anbau geeigneter Duftpflanzen gepflegt wird, reichliche Braunkohlenlager in der Nähe auch billige Kraftversorgung sichern, sind hier die meisten Riechstoffwerke entstanden.

12. Die Neubelebung alter Gewerbe durch die moderne Chemie.

Viele uralte Gewerbe, deren Arbeitsgang durch zufällige Beobachtungen entdeckt und verbessert worden war, ohne daß wissenschaftliche Einsicht ihn durchleuchtete, wurden ein erfolgreiches Betätigungsfeld für die neuere Chemie. Das Verhältnis zwischen blinderfahrungsmäßiger und wissenschaftlicher, sehend gemachter Arbeit kann nicht besser veranschaulicht werden als durch ein Beispiel, das Liebig erzählte, und das hier deshalb angeführt sein möge.

Liebig besuchte in England eine Anlage, die zur Herstellung von Blutlaugensalz und Berlinerblau diente. Das Blutlaugensalz wurde in eisernen Töpfen durch Schmelzen tierischer Stoffe mit Pottasche hergestellt. Liebig wurde beim Eintritt überrascht und betäubt von einem furchtbaren Lärm, der durch die Reibung von eisernen Röhren in den eisernen Töpfen entstand. Auf Befragen erklärte der Fabrikant mit pfiffigem Gesicht: ,,Da haben Sie etwas, Professor, was keine Chemie erklärt. Wenn meine Töpfe recht schreien, bekomme ich das beste Blutlaugensalz." Der nicht erkannte Zweck des Reibens war, Eisen in die Schmelze zu bekommen. Und Liebig konnte den Besitzer belehren, daß er dies billiger und einfacher durch Hineil.werfen einer Handvoll Eisenspäne erreichen könnte. Weiter wurde dort zur Gewinnung von dunklem Berlinerblau die Umsetzungsflüssigkeit hochgepumpt und über eine für diesen Zweck errichtete Treppe hinunterfließen gelassen. Damit wurde erfahrungsgemäß zwar der Erfolg erreicht. Der Fabrikant aber war sehr verwundert, als Liebig ihm zeigte, daß er ohne die Treppe nur durch Zufügen von etwas Bleichkalk in kürzester Zeit viel mehr erreichen könne.

Zu den Gebieten, in denen sich die Chemie unentbehrlich gemacht hat, und die durch sie ganz außerordentlich gefördert worden sind, gehören, um nur einige zu nennen, die Gewinnung der Metalle, die Herstellung von Glas, Porzellan, Tonwaren, Zement usw.

Das so billig gewordene Aluminium gestattete, bis dahin schwer zugängliche Metalle wie Wolfram, Chrom, Mangan, Molybdän aus ihren Oxyden nach dem „Thermitverfahren" zu gewinnen. „Thermit" heißt die Mischung eines Metalloxyds (z. B. Eisenoxyd) mit Aluminium. Wenn man dies Gemenge erhitzt, so scheidet sich das Eisen unter Bildung von Aluminiumoxyd ab. Diese chemische Umsetzung war bekannt. Man beobachtete 1894, daß man solch ein Gemisch bloß anzuzünden braucht, damit es von selbst weiterbrennt, und daß man diesen chemischen Vorgang gewerblich ausnutzen kann. Besonders bekannt geworden ist die „Thermitschweißung", bei der das nach dem Thermitverfahren entstehende, flüssige Eisen direkt an einer zu schweißenden Stelle, z. B. an den Enden eines Schienenbruchstücks, erzeugt wird, in die Bruchstelle hineinfließt und die Stücke beim Erkalten verbindet. Das Thermitverfahren dient aber auch zur Herstellung der oben erwähnten Metalle, die für die Veredlung des Eisens ganz neue Möglichkeiten eröffnet haben. Das bei dem Thermitverfahren gleichzeitig entstehende Aluminiumoxyd ist künstlicher Korund, der die mannigfachste Verwendung als Poliermittel, für Schleifscheiben, zur Herstellung feuerfester Gefäße usw. findet.

Die außerordentlich zahlreichen Eisen- und Stahlsorten, die man jetzt herstellt, und die sich den mannigfachsten Anforderungen anpassen, unterschieden sich neben dem Gefügebau vor allem durch ihre chemische Zusammensetzung, d. h. durch den wechselnden Gehalt an Kohle, Schwefel, Phos-

phor, Silizium, Chrom, Nickel, Mangan, Molybdän usw. Einige
von ihnen haben durch ihre chemische Widerstandskraft besondere Bedeutung gewonnen. So bringt Krupp einen Stahl in
den Handel, der nicht rostet und von Salpetersäure nicht ange-
griffen wird. Er ist eine Legierung von Eisen, Chrom und Nickel.
Neben zahlreichen mechanischen Anwendungen findet er aus-
gedehnten Gebrauch in chemischen Werken bei der Gewinnung
von Salpetersäure. Eine Legierung von Eisen mit 5% Nickel
ist sehr widerstandsfähig gegen kochende alkalische Lauge.
Unter dem Namen Thermisilid wird von Krupp ein Eisen mit
hohem Siliziumgehalt (über 13%) hergestellt, das auch gegen
verdünnte Schwefelsäure und Salzsäure sehr widerstandsfähig
ist. Mit Alit bezeichnet Krupp eine Legierung von Eisen mit
Aluminium, die sich durch große Hitzebeständigkeit auszeichnet
und z. B. für Glühtöpfe verwendet wird.

In ein ganz neues Stadium ist seit kurzem auch die Gewinnung
des Eisens getreten. Sie erfolgt, wo reine Erze und billige Energie
zur Verfügung stehen (Schweden), im Elektroofen, der wohl immer
allgemeiner an die Stelle des jahrhundertealten Gebläsehochofens
treten wird. (Das Deutsche Museum besitzt das Modell eines am
Trollhättan aufgestellten Elektrohochofens; näheres darüber und
über den in diesem stattfindenden Vorgang enthält das 4. Heft).

Die Hochofenschlacken der Eisenhütten, früher ein
lästiger Abfall, haben jetzt durch chemische Erkenntnis vielfach
nützliche Verwendung gefunden. So gibt die Schlacke von der
Aufarbeitung stark phosphorhaltiger Eisenerze (Thomasver-
fahren) wegen ihres hohen Gehaltes an Kalziumphosphat ein
vorzügliches Düngemittel, das unter dem Namen Thomasmehl
bekannt ist. Andere Eisenschlacken eignen sich ihrer Zusammensetzung wegen zur Herstellung von Zement.

Bei dem Zement befinden wir uns auf dem von der Chemie
erfolgreich bearbeiteten Gebiet des Mörtels, zu dem z. B. auch
Kalk- und Gipsmörtel gehören. Zement wurde ursprünglich in
England durch Brennen und Mahlen eines natürlich vorkommen-
den Kalkmörtels erhalten. Da dies Vorkommen sehr beschränkt
ist, ging man dazu über, die notwendigen Bestandteile wie Ton
und Kalk in richtigem Verhältnis zu mischen. Die Mischung wird
hart gebrannt, wobei sich unter Sinterung Kalziumsilikat und
Kalziumaluminat mit einem Überschuß von freiem Kalk bilden.
Die entstandenen Klinker werden dann zerkleinert und geben
fein gemahlen den Portlandzement.

Später fand man, daß sich auch bestimmte Hochofenschlacken durch geeignete Zumischung von Kalk zu Zement verarbeiten lassen. Das neue Erzeugnis wurde Eisen-Portlandzement getauft. Seine Gleichwertigkeit mit dem Portlandzement ist nach langem hartem Kampfe bestätigt worden. Die gesamte Erzeugung von Zement betrug im Jahre 1912 in Deutschland über 7 Mill. t.

Die Kunst des Glasschmelzens ist uralt und hat handwerklich schon früh eine staunenswert hohe Vollkommenheit erreicht. Als aber neue Verwendungen von Glas für optische Zwecke, chemische Geräte, Thermometer usw. aufkamen, genügten die Eigenschaften der bekannten Glassorten nicht mehr den besonderen Ansprüchen in bezug auf Lichtbrechung, chemische Widerstandskraft, geringe Wärmeausdehnung usw. Es wurden Versuche angestellt, durch Abändern der Mischungsverhältnisse bei der Glasschmelze und durch Heranziehen neuer Stoffe die gewünschten Eigenschaften zu erzielen. Zu einem wirklich durchschlagenden Erfolg führte erst die Arbeit von Schott in Jena über die Chemie der Glasflüsse, die er auf Anregung und mit Unterstützung von Abbe ausführte. Er schuf damit eine auf chemischer Erkenntnis und wissenschaftlicher Forschung beruhende Glasschmelzkunst. Gewöhnliches Glas besteht aus Natron oder Kali, Kalk oder Bleioxyd und Kieselsäure. Durch Einführung von Tonerde, Zinkoxyd, Magnesiumoxyd, Baryt, Borsäure, Phosphorsäure, Fluor in geeigneten Mischungen gelang es, die gewünschten Glassorten für Thermometer, für chemisches und sonstiges gewerbliches Glasgerät und für optische Linsen zu erschmelzen. Die für diese Aufgabe gegründete Glashütte von Schott & Gen. in Jena ist auf diesem Gebiete führend geworden und ihr „Jenenser Glas" hat Weltruf erlangt.

Auch aus Porzellan und Steinzeug werden die mannigfachsten chemischen Geräte hergestellt, besonders für Aufgaben, die hohe Säurefestigkeit und Widerstandsfähigkeit gegen Temperaturwechsel verlangen. Porzellan, das beim Brennen weich wird und stark schwindet, eignet sich nur für kleinere Gefäße. Aus Steinzeug können Gefäße bis zu 1000 Litern Inhalt angefertigt werden. Große porzellanähnliche Gefäße nehmen eine Zwischenstellung zwischen Porzellan und Steinzeug ein, zwischen denen es alle Übergänge gibt.

Hier mag auch noch das Quarzglas angeführt werden, das den besonderen Vorzug hat, sich beim Erhitzen nicht auszudehnen. Das verleiht ihm die wertvolle Eigenschaft, schroffe

Wärmeänderungen ohne Schaden zu ertragen. So kann man Quarz-
gefäße auf helle Rotglut erhitzen und sie in kaltes Wasses, ja selbst
in flüssige Luft tauchen, ohne daß sie springen. Zu ihrer Herstellung wird Quarz entweder in der Knallgasflamme oder in elektrischen Öfen geschmolzen und dann wie Glas geblasen und geformt.

13. Die Verwandlung von Brennstoffen.

Ein anderes Gebiet, dem die Chemie ihre besondere Auf-
merksamkeit gewidmet hat, ist die wirtschaftliche und möglichst
vielseitige und nutzbringende Verwertung der Brennstoffe.
Anfänglich wurde nur der Brennwert ausgenutzt. Die Herstellung von Koks für die Eisenverhüttung geschah zuerst in offenen
Eisenkörben und ließ alle flüchtigen Bestandteile verloren gehen.
Bald sah man ein, daß dies eine bodenlose Vergeudung war und
richtete die Nebenproduktengewinnung ein, bei der man Ammoniak, brennbare Gase und wertvolle Teeröle gewann (s. S. 11).
Mit dem wachsenden Bedarf an diesen Nebenstoffen, besonders
an Ammoniak und Teerölen, stieg auch der Anreiz, sie aus den
übrigen Brennstoffen zu gewinnen. Deshalb wurde auch die
Holzverkohlung in Meilern, wo es irgend anging, durch die
Verkohlung in Eisenretorten oder Öfen ersetzt, um neben der
Holzkohle auch Gas und vor allem Teeröl (Terpentin- und Mo-
toröle usw.), Methylalkohol (Holzgeist) und Essigsäure, meist in
Form von Kalziumazetat, zu gewinnen.

Auch die Braunkohle wurde zur Gewinnung von Neben-
erzeugnissen herangezogen. Ein besonderes unter ihnen ist das
Paraffin, das man aus dem durch Verschwelen der Braunkohle
erhaltenen Teer abscheidet. Es findet ausgedehnte Verwendung
zur Herstellung von Kerzen. Braunkohlenschwelereien und Teer-
verarbeitungswerke haben sich besonders in Sachsen und in Thü-
ringen entwickelt. Sie entstanden in der Mitte des vergangenen
Jahrhunderts und erfuhren besonders durch Riebeck einen hohen
Aufschwung. Von den 26 Braunkohlenschwelereien gehören dort
15 den Riebeckschen Montanwerken A.-G., Halle a. S. an.
Im Jahre 1919 sind über 1,1 Mill. t Braunkohlen verschwelt
worden. Daraus wurde dem Gewichte nach ungefähr die Hälfte
an Teer und $1/3$ an Koks gewonnen. Es wurden 80000 Doppel-
zentner Paraffinkerzen hergestellt. Mit Beginn des neuen Jahrhunderts hat man noch ein weiteres Arbeitsverfahren eingeführt.
Es besteht darin, daß geeignete Braunkohle mit Benzol aus-
gezogen wird. Man erhält dabei das sog. Montanwachs, das die

mannigfachste Verwendung findet, wie z. B. als Bohnerwachs, als Schuhcreme, zum Wasserdichtmachen von Geweben, für Phonographenwalzen usw.

Da die Chemie sich mit den stofflichen Zuständen und Veränderungen der Körper befaßt, erstreckt sich ihr Einfluß auf alle Gebiete des gewerblichen Lebens, ohne daß diese dadurch zu chemischen Gewerben werden. Ihr in alle diese Verzweigungen hinein zu folgen, würde zu weit führen, da nicht einmal alle wirklich chemischen Gewerbe besprochen werden konnten. Die Absicht war nur, in knapper Darstellung ein anschauliches Bild von der überraschend kräftigen Entwicklung unseres chemischen Großgewerbes zu geben.

14. Schlußbetrachtung.

Betrachten wir rückblickend die Aufgabe des chemischen Großgewerbes und sein Entwicklungsziel im allgemeinen und dann im besonderen seine Entwicklung in Deutschland, so können wir sagen: Die Aufgabe des chemischen Großgewerbes ist es, in der zunehmenden Arbeitsteilung durch chemische Mittel die Bedürfnisse einer ständig sich mehrenden Bevölkerung zu verfeinern und zu befriedigen und die Macht des Menschen durch eine immer weitergehende Beherrschung der Natur und Ausnutzung ihrer Kräfte und Schätze zu erhöhen. Diese Aufgabe ist eine unendliche, und die Entwicklungsmöglichkeiten sind somit unabsehbar.

In Deutschland stand der Aufstieg des chemischen Großgewerbes unter sehr günstigen Zeichen. Vorhandene Rohstoffe, wie Kohle, Salze und Erze, gaben eine gute Grundlage. Das Aufblühen der chemischen Wissenschaft fiel zusammen mit dem politischen und wirtschaftlichen Aufstieg des Landes. Tüchtige, einsichtige Männer, voll Tatkraft und Wagemut, konnten die Mittel, welche die Wissenschaft darbot, unter dem Schutz des sich einenden und erstarkenden Deutschlands zu größter Auswirkung führen und Werke schaffen, denen unsere Bewunderung gilt und die unseren Stolz bilden. Und auch heute sind die tüchtigsten Kräfte am Werke, um Deutschland die errungene Weltstellung trotz aller durch den Krieg und seine Folgen herbeigeführten ungünstigen Umstände zu sichern. Wir dürfen daher hoffen, daß das chemische Großgewerbe zum Wiederaufbau der deutschen Wirtschaft ganz wesentlich beitragen wird, zumal es trotz des Krieges im wesentlichen unerschüttert dasteht.

Erläuterungen.

Für diejenigen Leser, die mit der chemischen Formelsprache etwas vertraut sind, mögen zur Erläuterung der geschilderten Vorgänge nachstehende Formeln, Gleichungen und Anmerkungen dienen.

1. Gemeinsame Bezeichnung für Ätzkali (KOH), Ätznatron (NaOH), Kaliumkarbonat und Natriumkarbonat.

2. $2 \, NaCl + H_2SO_4 = Na_2SO_4 + 2 \, HCl$
   Kochsalz Schwefelsäure Natrium-   Salzsäure
                             sulfat

   $Na_2SO_4 + 2 \, C + CaCO_3 = Na_2CO_3 + CaS + 2 \, CO_2$
   Glaubersalz Kohle Kalk   Soda   Schwefel- Kohlen-
                                         kalzium   dioxyd

3. Die französische Akademie hatte 1824 auf seine Herstellung einen Preis von 6000 Frcs. ausgeschrieben, den sich im Jahre 1828 ein Franzose erwarb.

4. Anilin $C_6H_5NH_2$ und
   Toluidin $CH_3C_6H_4NH_2$.
   (Erhältlich durch Reduktion von Nitrobenzol $C_6H_5NO_2$ oder Nitrotoluol $C_7H_7NO_2$. Durch ihre Oxydation mit Zinnchlorid entsteht Fuchsin).

5. Benzol C_6H_6, Toluol $C_6H_5CH_3$,
   Xylol $C_6H_4(CH_3)_2$,
   Naphthalin $C_{10}H_8$, Anthrazen $C_{14}H_{10}$.
   Sie werden auch aromatische Kohlenwasserstoffe genannt und zeichnen sich dadurch aus, daß sie die Kohlenstoffatome in eigenartiger, einfacher oder mehrfacher Ringbildung enthalten; zum Beispiel Benzol (C_6H_6):

$$
\begin{array}{c}
H \\
| \\
C \\
\diagup \; \diagdown \diagdown \\
HC \qquad CH \\
\| \qquad\quad | \\
HC \qquad CH \\
\diagdown \; \diagup\diagup \\
C \\
| \\
H
\end{array}
$$

6. In der Küpe wird ein unlöslicher Farbstoff, wie Indigo oder Alizarin, durch Reduktion, d. h. durch Anlagerung von Wasserstoff in alkalischer Lösung löslich gemacht. In dieser löslichen Form dringt er in die Faser ein und wird dann durch Oxydation unlöslich in ihr ausgefüllt.

7. $SO_2 + O = SO_3$
$SO_3 + H_2O = H_2SO_4$.

8. $C_6H_5ONa + CO_2 = C_6H_4\diagup \substack{OH \\ \diagdown COONa}$

Phenolnatrium Kohlensäure =   Salizylsaures Natrium.

9. Trypanosomen sind spiralig gewundene, sehr kleine Lebewesen aus der Verwandtschaft der Geißeltierchen, die als Erreger vieler Krankheiten, z. B. der Schlafkrankheit, erkannt sind.

10. Spirochäten sind Bakterien von Schraubenform; zu ihnen gehört auch der Erreger der Syphilis.

11. Als Beispiele seien die Formeln des Nitroglyzerins:

$$C_3H_5 (O \cdot NO_2)_3$$

und der Pikrinsäure angeführt:

$$
\begin{array}{c}
OH \\
|\\
C\\
O_2N - C \quad C - NO_2 \\
|\quad\quad\quad\| \\
H - C \quad C - H \\
C \\
| \\
NO_2.
\end{array}
$$

12. Ammonsalpeter $= NH_4NO_3$
Kaliumchlorat $= KClO_3$
Kaliumperchlorat $= KClO_4$.

13. $CaCO_3 = CaO + CO_2$
Kalk Kalzium- Kohlen-
oxyd säure

$2 NaCl + 2 NH_3 + 2 CO_2 + 2 H_2O = 2 NaHCO_3 + 2 NH_4Cl$
Kochsalz Ammoniak Kohlen- Wasser Natrium- Salmiak
säure bikarbonat

$2 NaHCO_3 = Na_2CO_3 + CO_2 + H_2O$
Natriumbikarbonat Soda Kohlen- Wasser
säure

$2 NH_4Cl + CaO = CaCl_2 + H_2O + 2 NH_3$
Salmiak Kalzium- Chlor- Wasser Ammoniak
oxyd kalzium

abgekürzt: $2 NaCl + CaCO_3 = Na_2CO_3 + CaCl_2$.

14. $Na_2 + 2 H_2O = 2 NaOH + H_2$
Natrium Wasser Ätznatron Wasserstoff

15. Karnallit ist ein Doppelsatz von Magnesiumchlorid und Kaliumchlorid: $MgCl_2 \cdot KCl \cdot 6 H_2O$.

16. $2 Na + 2 NH_3 = 2 NH_2Na + H_2$
Natrium Ammoniak Natriumamid Wasserstoff

$NH_2Na + C = NaCN + H_2$
Natriumamid Kohle Zyan- Wasserstoff
natrium

17. $2 Ca_3 (PO_4)_2 + 6 SiO_2 + 10 C = 6 CaSiO_3 + 10 CO + 4 P$
Kalziumphosphat Kieselsäure Kohle Kalziumsilikat Kohlenoxyd Phosphor.

4*

18. $CaC_2 + N_2 = CaNCN + C$
    Kalzium- Stick-   Kalzium-   Kohle.
    karbid   stoff   cyanamid

19 H_2 und CO $CO + H_2O = CO_2 + H_2$
    Wassergas   Kohlenoxyd Wasser Kohlen- Wasser-
    N und CO säure   stoff
    Generatorgas

20. $2 NH_3 + CO_2 = NH_2CONH_2 + H_2O$
    Ammoniak Kohlen-   Harnstoff   Wasser
             säure

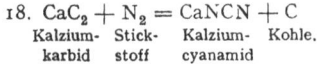

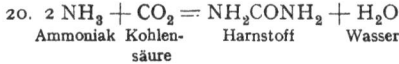

21. Tetralin entsteht aus Naphthalin durch Aufnahme von vier
    Wasserstoffatomen.

22. Hexalin entsteht aus Phenol durch Aufnahme von 6 Wasserstoff-
    atomen:

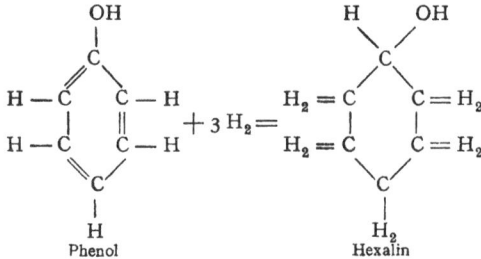

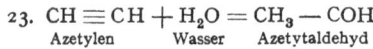

Phenol   Hexalin

23. $CH \equiv CH + H_2O = CH_3 - COH$
    Azetylen   Wasser   Azetytaldehyd

Das Azetylen entsteht aus Kalziumkarbid durch Umsetzung mit
    Wasser:

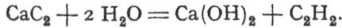

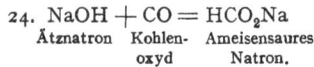

    $CaC_2 + 2 H_2O = Ca(OH)_2 + C_2H_2$.

24. $NaOH + CO = HCO_2Na$
    Ätznatron Kohlen- Ameisensaures
              oxyd   Natron.

25. Unter festen Lösungen versteht man gleichmäßige Mischungen
    fester Stoffe, die ähnlich wie flüssige Lösungen mit der Ände-
    rung ihrer anteiligen Zusammensetzung auch gesetzmäßige Ände-
    rungen ihrer Eigenschaften zeigen.

26. Bakelit wurde gleichzeitig von Bakeland in Amerika und von
    Lebach in Deutschland erfunden.

www.ingramcontent.com/pod-product-compliance
Lightning Source LLC
Chambersburg PA
CBHW031454180326
41458CB00002B/766